北大社普通高等教育"十三五"数字化建设规划教材

大学计算机基础习题与上机指导

（第3版）

主　编　邓安远　杨焱林

本书资源使用说明

内 容 简 介

本书是邓安远、杨焱林教授主编的《大学计算机基础（第3版）》（北京大学出版社）的配套教材，用于指导学生实验教学，也可以作为学生课后学习的参考教材。本书以培养学生的计算机应用能力为宗旨，精心设计了指法练习、Windows 操作系统的使用、办公自动化软件应用、Raptor 编程设计、人工智能应用、Internet 基础应用等实验。此外，本书还给出了 7 个单元的习题，以选择题、填空题、简述题和编程题的形式强化学生对知识点的理解。

图书在版编目（CIP）数据

大学计算机基础习题与上机指导 / 邓安远，杨焱林主编. -- 3 版. -- 北京：北京大学出版社，2024.9.
ISBN 978-7-301-35381-3

Ⅰ．TP3

中国国家版本馆 CIP 数据核字第 2024LJ9998 号

书　　　名	大学计算机基础习题与上机指导（第 3 版）
	DAXUE JISUANJI JICHU XITI YU SHANGJI ZHIDAO (DI-SAN BAN)
著作责任者	邓安远　杨焱林　主编
责任编辑	张　敏
标准书号	ISBN 978-7-301-35381-3
出版发行	北京大学出版社
地　　　址	北京市海淀区成府路 205 号　100871
网　　　址	http://www.pup.cn
电子邮箱	zpup@pup.cn
新浪微博	@北京大学出版社
电　　　话	邮购部 010-62752015　发行部 010-62750672　编辑部 010-62765014
印刷者	湖南省众鑫印务有限公司
经销者	新华书店
	787 毫米×1092 毫米　16 开本　8 印张　175 千字
	2018 年 7 月第 1 版　2021 年 8 月第 2 版
	2024 年 9 月第 3 版　2024 年 9 月第 1 次印刷
定　　　价	32.00 元

未经许可，不得以任何方式复制或抄袭本书之部分或全部内容。
版权所有，侵权必究
举报电话：010-62752024　电子邮箱：fd@pup.cn
图书如有印装质量问题，请与出版部联系，电话：010-62756370

前　言

党的二十大报告提出:我们要坚持教育优先发展、科技自立自强、人才引领驱动,加快建设教育强国、科技强国、人才强国,坚持为党育人、为国育才,全面提高人才自主培养质量,着力造就拔尖创新人才,聚天下英才而用之。为适应当前"大学计算机基础"教学新形势,培养符合国家和地方需要的应用型人才,这就要求学生除掌握计算机基本理论知识外,还要熟练掌握计算机的实际操作。以此为出发点,我们在多年实践教学的基础之上,编写了这本书。本书是与邓安远、杨焱林教授主编的《大学计算机基础(第3版)》(北京大学出版社)教材配套使用的实验指导书和习题集,学生通过本书的操作实践,可以进一步巩固教材理论知识,提高实际动手能力,本书也可以独立作为学生上机实训使用。

全书分为两大部分。第一部分为实验指导部分,内容包括指法练习和文字录入、Windows 操作系统的使用、文字处理基本操作、电子表格基本操作、演示文稿基本操作、Raptor 编程设计、人工智能应用、Internet 基础实验;第二部分为习题部分,以选择题、填空题、简述题和编程题的形式给出了7个单元的习题。本书在实验环节的设计方面,为增加操作的实用性,尽可能地设计可操作性强、贴近日常需要、较为综合的实验案例,提高学生操作的兴趣和综合应用能力。书末附有参考答案,供读者参考。

本书由邓安远、杨焱林教授任主编,参加编写的有邓长寿、胡慧、胡芳、何立群、丁伟等。沈辉、蔡晓龙、苏文峰、吴奇提供了版式和装帧设计方案,在此一并表示感谢。

限于时间和水平的关系,本书难免有不足和错误之处,为便于以后教材的修订,恳请专家、教师及其他读者多提宝贵意见。

编　者

目 录

第一部分 实 验 指 导

实验一　指法练习和文字录入 ··· 3
实验二　桌面、窗口和菜单的基本操作 ·· 11
实验三　文件和文件夹的操作 ·· 12
实验四　WPS 文字文档的基本操作 ··· 13
实验五　WPS 文字文档表格和图片的设置方法 ·· 15
实验六　WPS 表格的基本操作 ·· 18
实验七　WPS 表格图表及表格数据处理 ·· 21
实验八　WPS 演示文稿基本操作 ··· 24
实验九　Raptor 编程设计 ·· 26
实验十　人工智能应用 ·· 42
实验十一　Internet 基础实验 ·· 46

第二部分 习 题

习题一　计算机基础知识 ·· 57
习题二　计算机新技术 ·· 67
习题三　操作系统及其使用 ··· 68
习题四　办公自动化 ··· 80
习题五　程序设计基础 ·· 94
习题六　计算机网络基础知识 ·· 100
习题七　信息素养 ··· 110

参考答案 ·· 120

第一部分

实 验 指 导

实验一　　指法练习和文字录入

一、实验目的

(1) 熟悉微型计算机系统的基本组成部件,了解计算机外设的连接方式。

(2) 掌握微型计算机的正确启动和关闭过程。

(3) 熟悉键盘、鼠标的使用方法,了解计算机的工作方式。

(4) 熟悉键盘操作时手指的击键分工,使用打字软件"金山打字通"进行指法练习。

(5) 掌握一种汉字输入法:全拼输入法、搜狗拼音输入法或五笔输入法等。

二、实验内容及步骤

1. 熟悉组成部件

(1) 观察熟悉计算机的外观——主机、显示器、键盘、鼠标、音箱等,如图 1-1 所示。

图 1-1　计算机外观

(2)观察微型计算机的外观和面板布置,注意电源指示灯、硬盘读写指示灯、USB 接口、音频接口,对微型计算机的外观和面板布置做到心中有数。认真观察微型计算机主机前面及后面的插孔,注意观察打印机接口(USB 接口)、键盘及鼠标接口(如 PS/2 接口)、串行接口、网线接口、声卡接口、显示器电源接口、主机电源接口,了解它们的作用,如图 1-2 所示。

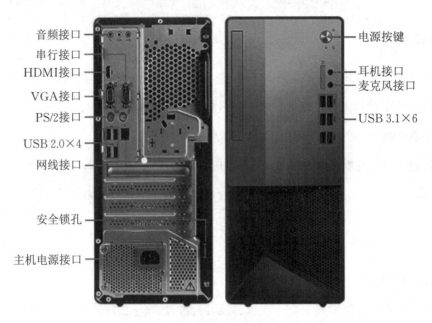

图 1-2　计算机主机面板

(3)观察熟悉计算机各部件的外部连接关系。

①主机的电源连接;

②显示器电源线与数据线的连接;

③键盘、鼠标的连接;

④网线的连接。

(4)启动计算机。先打开显示器,再打开主机电源,观察启动时自检的提示信息。

2. 熟悉键盘操作与基本指法

1)认识键盘

目前常用的键盘有两种基本格式:PC/XT 格式键盘和 AT 格式键盘,键盘一般可以分为机械键盘、薄膜键盘和电容键盘。在计算机键盘上,每个键完成一种或几种功能,其功能标识在键的上面。根据不同键使用的频率和方便操作的原则,键盘划分为四个功能区:主键盘区、功能键区、控制键区和小键盘区,如图 1-3 所示。其中,常用键的使用方法如下:

图 1-3 104 键 AT 格式键盘

(1)字母键:在键盘的中央部分,上面标有 A,B,C,D 等 26 个英文字母。在打开计算机以后,按字母键输入的是小写字母,输入大写字母需要同时按[Shift]键。

(2)换档键:即[Shift]键,两个[Shift]键功能相同。在 AT 格式键盘上标有一个空心箭头和[Shift]标记,在 PC/XT 格式键盘上则只标有空心箭头。同时按下[Shift]键和具有上下档字符的键,输入的是上档字符。

(3)字母锁定键:即[Caps Lock]键。它用来转换字母大小写,是一种反复键。按一下[Caps Lock]键后,"Caps Lock"指示灯亮起,按字母键输入的都是大写字母,再次按一下[Caps Lock]键转换成小写形式。

(4)退格键:上面标有向左的箭头,在 AT 格式键盘上,除标有箭头外还标有"Backspace"。这个键的作用是删除光标左边位置上的字符或删除选中的内容。

(5)空格键:位于键盘下部的一个长条键,作用是输入空格,也称[Space]键。

(6)功能键:标有"F1,F2,…,F11,F12"的 12 个键,不同的软件中它们的功能不同。

(7)光标键:键盘上四个标有箭头的键,箭头的方向分别是上、下、左、右。"光标"是计算机的一个术语,在计算机屏幕上常常有一道横线或者一道竖线,并且不断地闪烁,这就是光标,光标用于指示现在的输入或进行操作的位置。

(8)制表定位键:在键盘左边标有两个不同方向箭头或者标有"Tab"字样的键。按一下这个键,光标跳到下一个位置,通常情况下两个位置之间相隔 8 个字符。

(9)控制键:一些键的统称。这些键中使用最多的是[Enter]键,即回车键。[Enter]键位于字母键的右方,标有带拐弯的箭头和"Enter"字样,它的作用是表示一行、一段字符或一个命令输入完毕。

(10)键盘上有两个[Ctrl]键和两个[Alt]键,它们常常和其他的键一起组合使用。

(11)键盘的右侧称为小键盘或副键盘,主要是由数字键等组成,数字键集中在一起,需要输入大量数字时,用小键盘是非常方便的。在小键盘的上方,有一个[Num Lock]键,这是数字锁定键。当"Num Lock"指示灯亮起时,数字键起作用,可以输入数字。按一下[Num Lock]键,指示灯灭,小键盘中的数字键功能被关闭,但数字下方标识的按键功能仍起作用。

键盘上的另外一些键,在后面具体介绍软件时再介绍它们的功能。

2) 打字的姿势

(1) 身体保持端正,两脚平放。椅子的高度以双手可平放在桌面上为准,电脑桌与椅子之间的距离以手指能轻放基本键位(或称原点键位,即位于主键盘的第三排的[A],[S],[D],[F],[J],[K],[L],[;]键)为准。

(2) 两臂自然下垂轻贴于腋边,手腕平直,身体与桌面距离 20～30 cm。手指、手腕都不要压到键盘上,手指微曲,轻轻按在与各手指相关的基本键位上;下臂和手腕略微向上倾斜,使其与键盘保持相同的斜度。双脚自然平放在地上,可稍呈前后参差状,切勿悬空。

(3) 显示器宜放在键盘的正后方,与眼睛相距不少于 50 cm。

(4) 在放置输入原稿前,先将键盘右移 5 cm,再把打字文稿放在键盘的左边,或用专用夹夹在显示器旁。力求"盲打",打字时尽量不要看键盘,视线专注于文稿或屏幕。看文稿时心中默念,不要出声。

3) 打字的基本指法

"十指分工,包键到指",这对于保证击键的准确和速度的提高至关重要。操作时,开始击键之前将左手小指、无名指、中指、食指分别置于[A],[S],[D],[F]键上,左手拇指自然向掌心弯曲;将右手食指、中指、无名指、小指分别置于[J],[K],[L],[;]键上,右手拇指轻置于空格键上。各手指的分工如图 1-4 所示。其中,[F]键和[J]键各有一个小小的凸起,操作者进行盲打就是通过触摸这两键来确定基本键位。

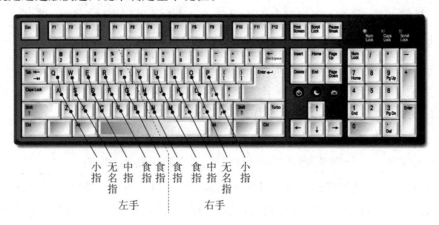

图 1-4 键位按手指分工

温馨提示:

(1) 手指尽可能放在基本键位上。左手食指还要管[G]键,右手食指还要管[H]键。同时,左右手还要管基本键位的上一排与下一排,每个手指到其他排"执行任务"后,拇指以外的 8 个手指,只要时间允许都应立即退回基本键位。实践证明,从基本键位到其他键位的路径简单好记,容易实现盲打,减少击键错误。再则,从基本键位到各键位平均距离短,也有利于提高速度。

(2)不要使用单指打字(用一个手指击键)或视觉打字(用双目帮助才能找到键位),这两种打字方法的效率比盲打要低得多。

(3)不正确的姿势或指法会影响工作效率,时间长了,还会引起许多健康问题,如颈椎病和"鼠标手"(现代人常见病之一:腱鞘炎)等。

4)指法练习

具体的指法练习可以采用 CAI 软件——"金山打字通"等来进行,利用 CAI 软件可以使指法得到充分的训练,以达到快速、准确地输入文字的目的。

3. 键盘汉字输入

键盘汉字输入是指通过计算机的标准键盘,根据一定的编码规则来输入汉字的一种方法,这是最常用、最简便易行的汉字输入方法。要想输入中文,首先要选择一种汉字输入方法,如图 1-5 所示。

可以看到有很多输入法可以选择,而且也有更多、更新的输入法不断涌现,每种输入法都有各自的特点。比较常用的中文输入法有全拼、搜狗拼音、微软拼音、五笔输入法等。单击某种中文输入法,转换为该输入法状态,屏幕出现这种输入法状态窗口,此时可以输入中文。

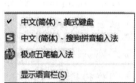

图 1-5 选择输入法

没有输入法菜单时,可以按[Ctrl+Space]快捷键进行中英文输入的转换,也可以按[Ctrl+Shift]快捷键在不同的输入法之间进行切换。

如上所述,使用任何一种输入法,都可以输入常规的汉字,但当需要输入一些特殊字符时,可以使用软键盘来进行。Windows 提供了 13 种软键盘。在所选择的输入法状态栏上的按钮上右击,即可打开软键盘选择菜单,如图 1-6 所示,从菜单中可以选择需要使用的软键盘。

1)全拼输入法

全拼输入法是一种简单易学的中文输入方法,只要会汉语拼音,就可以掌握这种输入方法,缺点是重码比较多,影响输入速度。

打开输入法菜单,单击全拼输入法,屏幕出现全拼输入法状态栏,此时即可输入中文。输入汉语拼音以后,屏幕上出现的输入法窗口显示出 10 个同音字。例如,要输入"兔"字,在输入"兔"字的汉语拼音"tu"(是小写字母)以后,屏幕显示如图 1-7 所示。输入所选汉字前的数字,这个汉字就出现在屏幕上。例如,输入"3",屏幕上出现"兔"字;输入"1"或者按空格键,输入的是"土"字。

图 1-6 选择软键盘

图 1-7 全拼输入示例

在输入法窗口中，10 个汉字或词组称为一页，使用键盘上主键盘区的加号键或单击输入法窗口的图标"■"，可以往后翻一页，使用键盘上主键盘区的减号键或单击输入法窗口的图标"■"，可以往前翻一页。在输入汉字以后，有时输入法窗口接着显示与这个字有关的词组以供挑选，如果没有需要的词组，那么直接输入下一个字的拼音即可。全拼输入法可以直接输入词组，例如要输入"信息"，可直接输入拼音"xinxi"。

单击输入法状态栏最左边的图标"■"，可以进行汉字和英文字母的输入转换；单击标点符号图标，可以进行中、英文标点符号的输入转换。

2）搜狗拼音输入法

搜狗拼音输入法是搜狗公司推出的一款基于搜索引擎技术的输入法产品。虽然从外表上看起来搜狗拼音输入法与其他输入法相似，但是其内在核心大不相同。传统输入法的词库是静态的，而搜狗输入法的词库是网络的、动态的。搜狗拼音输入法状态栏如图 1-8 所示。

图 1-8 搜狗拼音输入法状态栏

搜狗拼音输入法获得了最全的网络词库和最精确的网络词频，无论是最新的歌手、电视剧、电影、游戏的名字，还是球星、软件、动漫、歌曲、电视节目的名字，搜狗拼音输入法都能够顺利打出。它的诞生，解决了大部分中国用户利用拼音进行汉字输入最基本的问题，同时也极大提高了输入效率。

与其他拼音输入法相比，搜狗拼音输入法有着很多独有的特点和创新，这里列举一些我们最常使用到的功能：

(1) 词库。搜狗拼音输入法建立了最新、最全的词库，保存了我们日常生活中的常用词汇，甚至是互联网上特有的、刚刚出现的新词。有了最新、最全的词库，加上高效的搜索引擎，用户在大部分情况下甚至只需要输入词汇的首字母就可以找到需要的汉字了，如图 1-9 所示。

图 1-9 搜狗拼音输入法的词库操作

(2) 词频。搜狗拼音输入法提高了对于同音词的词频统计和排序准确性。对于常用的汉字或词汇，搜狗拼音输入法会根据用户使用频率自动调整出现的顺序，提高了汉字录入的效率,这也正是许多用户选择搜狗拼音输入法的主要原因之一,如图1-10所示。

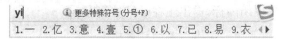

图1-10 搜狗拼音输入法的词频操作

(3)生僻字。利用拼音输入法进行汉字录入的最大问题就是遇到生僻字(如"耄耋""饕餮"等),因为不知道怎么读而导致无法输入。搜狗拼音输入法利用拆分输入技术,轻松解决了这类问题。拆分输入技术就是通过分析一个文字的组成,将这个字拆分成几个我们认识的部分,再直接输入生僻字的各个组成部分的拼音即可,如图1-11所示。

不过,我们在进行生僻字输入的时候,最好先加上字母"u",如图1-12所示。

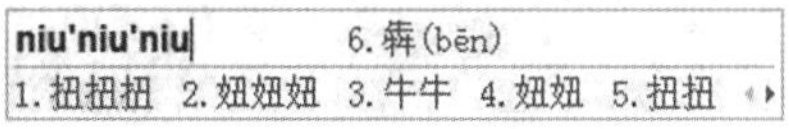

图1-11 搜狗拼音输入法的生僻字操作　　**图1-12 搜狗拼音输入法的生僻字加"u"操作**

当然,我们也有可能会遇到无法拆分的生僻字(如"戊""戌"等),这时候就可以直接将该字按笔画进行拆分了,如表1-1所示。输入笔画对应字母的时候,记得也要先加上字母"u",如图1-13所示。

表1-1 搜狗拼音输入法笔画对应表

笔画	对应字母
横(提)	h
竖(竖钩)	s
撇	p
点(捺)	d 或 n
折	z

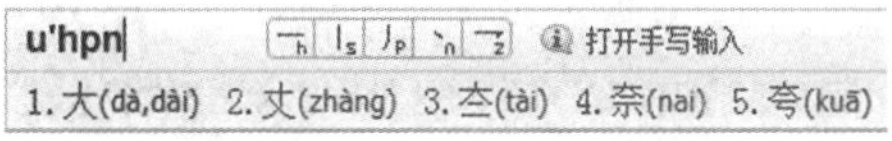

图1-13 搜狗拼音输入法的按笔画拆分操作

3)五笔输入法

五笔输入法也是一种常用的中文输入法,可借助具体的CAI软件进行练习。

4. 输入练习

使用操作系统自带的"记事本"软件完成一篇约400字中英文对照的自我介绍,要求在录入文字的过程中注意姿势和指法的正确性及录入的速度和准确率等,并将文件以个人姓名的拼音字母命名保存,课后将文件发送到老师指定的邮箱。

5. 退出练习，关机

(1)单击窗口右上角关闭图标，退出正在运行的程序。

(2)单击"开始"→"电源"→"关机"，关闭计算机。

(3)关闭显示器。

实验二　桌面、窗口和菜单的基本操作

一、实验目的

(1) 对操作系统有初步的认识，能够熟练使用鼠标。
(2) 掌握对操作系统进行合理、个性化设置的方法，加深对一些基本专业术语的理解。
(3) 掌握任务栏的操作方法，了解窗口各部位的名称，能够熟练改变窗口的大小和位置。
(4) 继续加强键盘基本功的练习。

二、实验内容及步骤

(1) 在桌面上添加/删除"此电脑""网络"等图标。
(2) 在"开始"菜单中单击"设置"按钮，打开"Windows 设置"窗口，单击"个性化"，或者在桌面空白处右击，在弹出的快捷菜单中单击"个性化"，打开"个性化"窗口，进行桌面背景更换、屏幕保护程序设置、锁屏界面设置等操作。
(3) 先后打开"此电脑""记事本"和"写字板"3 个应用程序，并完成以下操作：
① 用拖动窗口边界和单击"最大化""最小化"按钮的方法分别调整窗口大小。
② 在任务栏中依次单击"此电脑""记事本"和"写字板"图标，观察屏幕上当前窗口的变化情况。
③ 单击任务栏右下角的"显示桌面"按钮，观察屏幕变化。
④ 将任务栏中的所有窗口一一还原，然后右击任务栏的空白处，在快捷菜单中分别选择"层叠窗口""堆叠显示窗口"和"并排显示窗口"，观察窗口的排列方式。
⑤ 分别用 3 种不同的方法关闭这 3 个应用程序。
(4) 打开"此电脑"窗口，在工具栏中单击"查看"，练习使用工具栏。
(5) 查看计算机中安装的输入法并在各种输入法之间进行切换。
(6) 在 E 盘根目录下新建一个文件夹，并以自己的学号和姓名为文件夹命名。在此文件夹中，建立 2~3 个子文件夹，自行为其命名。
(7) 单击"开始"→"设置"→"设备"→"鼠标"，练习鼠标属性的设置，如按钮设置、双击速度、鼠标指针和移动速度等。
(8) 单击"开始"→"设置"→"时间和语言"→"语言"，在"语言"界面中选择"键盘"，进行输入法的设置。
(9) 将系统日期修改为 2025 年 2 月 22 日，然后在(6)所创建的文件夹中新建一个文本文件，查看文件的创建日期。再将系统日期改回到正确的日期，再新建一个文本文件并查看其创建日期。
(10) 单击"开始"→"Windows 附件"，练习使用"画图""截图工具"等工具。

实验三　文件和文件夹的操作

一、实验目的

(1) 掌握"文件资源管理器"的启动方法,认识"文件资源管理器"窗口的组成。
(2) 掌握文件夹与文件的创建、命名、查找、复制、移动、删除及属性的修改操作。

二、实验内容及步骤

(1) 打开"文件资源管理器",浏览系统文件和文件夹。
(2) 将"文件资源管理器"中的图标以"详细信息"方式显示,并按"类型"规则排列。
(3) 在"文件资源管理器"中选择"查看",练习设置文件布局、排序方式,单击工具栏中的"选项",打开"文件夹选项"对话框,练习设置查看和搜索方式,如设置是否显示隐藏文件,是否显示已知文件类型的扩展名等。
(4) 在 D 盘根目录下建立新文件夹,结构如图 3-1 所示。

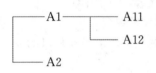

图 3-1　文件夹结构

(5) 将 C 盘"Windows"文件夹下的"notepad.exe"文件复制到 D 盘"A11"文件夹下。
(6) 在 D 盘"A1"文件夹中,使用"记事本"建立一个文本文件"myfile.txt"。
(7) 将该文件复制到"A2"文件夹中,并将复制后的文件改名为"jshb.txt"。
(8) 将文件"myfile.txt"文件属性设置为"只读"。

(9) 按[Delete]键将"jshb.txt"文件删除到"回收站"。
(10) 从"回收站"中将上述所删除的文件还原。
(11) 查找 C 盘中的计算器文件"calc.exe"。
(12) 将"calc.exe"文件复制到"A2"文件夹下。
(13) 在桌面上创建名为"计算器"的快捷方式。
(14) 将"计算器"的快捷方式移到"A2"文件夹下。
(15) 以自己的名字为卷标快速格式化 U 盘。
(16) 将 D 盘下的"A1"和"A2"两个文件夹复制到 E 盘根目录下。
(17) 删除 D 盘根目录下的"A1"和"A2"文件夹(放入"回收站")。
(18) 利用"回收站"先将"A2"文件夹还原,然后将"回收站"清空。
(19) 彻底删除 D 盘中的"A2"文件夹(不放入"回收站")。
(20) 选择"控制面板"→"用户账户"→"用户账户"→"管理其他账户"→"添加用户账户",以自己的姓名新建一个标准用户账户。

实验四　WPS 文字文档的基本操作

一、实验目的

(1)掌握文字文档的新建、保存、打开和关闭方法,以及录入文本的基本方法。

(2)掌握文字的查找、替换等基本编辑方法。

(3)了解字符格式、段落格式、页面格式各自包含的设置内容。

(4)熟练掌握字符格式中字体、字号、修饰的设置方法。

(5)掌握段落格式中对齐、缩进等的设置方法。

(6)了解页面格式的设置方法。

二、实验内容及步骤

(1)在 WPS Office 中单击"新建"→"文字"→"空白文档",保存文件为"文字文档 4‑1.docx",并在编辑窗口输入如图 4‑1 所示内容。

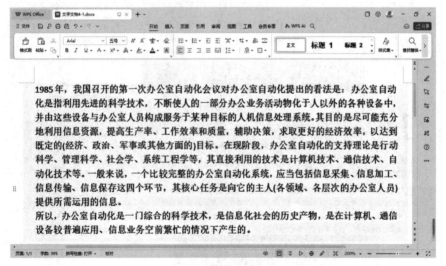

图 4‑1　编辑文本内容

(2)增加标题"办公室自动化规划纪要",要求:标题居中,加下画线;设置"字体"为"黑体","字形"为"加粗 倾斜","字号"为"一号","字体颜色"为"蓝色",字符间距加宽 3 磅;"底纹"设置"40%",加边框,框线为蓝色 1.5 磅双线;将标题的"段前"和"段后"设置为"12 磅"和

"24磅"。

(3)在第一段中,从"一般来说……"处另起一段。

(4)将除第一段外的所有段采用首行缩进的特殊格式,缩进2个字符。

(5)删除第一段中的文字"(经济、政治、军事或其他方面的)"。

(6)将第一段中所有"办公室自动化"改为"OA","字号"为"四号","字体颜色"为"红色"。

(7)将新的第二段左、右都缩进2厘米,并给该段添加橙色底纹。

(8)将新第一段分成两栏(栏宽相等),并插入一幅图片,大小调整为3厘米×3厘米,衬于文字下方,大致在分栏文档的中间位置,"色彩"设为"冲蚀"(具体上机时可采用任意一张图片代替)。

(9)将第一段进行以下排版:首字"1"下沉3行;"行距"为"1.3倍";字符间距加宽0.04厘米。

(10)将正文最后一段与新第二段互换。

(11)将最后两段的"行距"改为"固定值18磅"。

(12)将正文最后一个字加框加底纹。

(13)保存文件。

编辑后效果如图4-2所示。

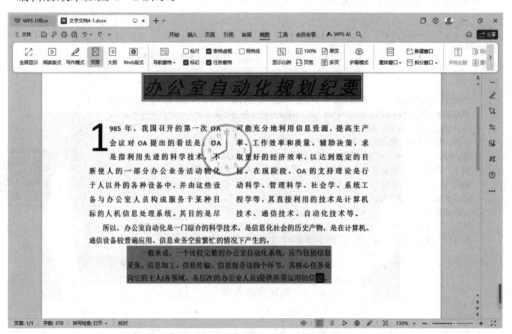

图4-2 编辑后的文档效果

实验五　WPS 文字文档表格和图片的设置方法

一、实验目的

(1)掌握 WPS 文字文档表格的建立和编辑方法。
(2)掌握 WPS 文字文档表格数据的统计运算方法。
(3)掌握 WPS 文字文档表格单元格的合并与拆分方法。
(4)掌握 WPS 文字文档插入图片及设置图形的格式。

二、实验内容及步骤

1. 图片设置

(1)新建 WPS 文字文档,保存为"文字文档 5-1.docx",在编辑窗口输入如图 5-1 所示内容。

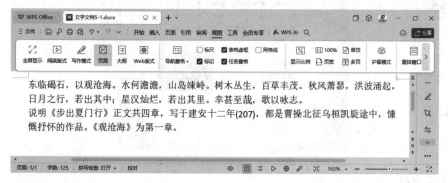

图 5-1　编辑文本内容

(2)将"纸张大小"设置为"16 开";上、下、左、右页边距都设置为 2 厘米,装订线靠左 1 厘米;页眉、页脚都距边界 1.5 厘米;文档网格为 35 字/行,37 行/页。

(3)文章加标题"观沧海",并设置为艺术字;文字布局为"嵌入型";艺术字样式为"冰冻字体","字号"为"60";文字效果为"弯曲:左近右远";形状效果设置"阴影"为"外部:向左偏移"。

(4)将第一段文字设置为隶书、二号。

(5)在诗的前面增加作者的姓名和时代,并在姓名和时代之间加入一中圆点,设置文字为黑体、三号,右对齐。

(6)将第二段文字设置为幼圆、四号,给"说明"两字后加上冒号并加粗,首行缩进 2 个字符。

(7)给"碣石"和"沧海"加尾注(碣石:山名,在今河北省昌黎县西北。沧海:大海。);给"星汉"加脚注(星汉:银河。);尾注和脚注都设置为宋体、四号。

(8)在第二段的右边以文绕图的方式插入一幅5×5厘米的图片(具体上机时可采用任意一张图片代替)。

(9)插入页眉和页脚,页眉文字为"步出夏门行",楷体、小三号、居中,文字下画线设置为波浪线,页脚文字为"第1页 共1页",宋体、小五号、居中。

(10)设置文档的打开密码为"001",并保存文件。

编辑后效果如图5-2所示。

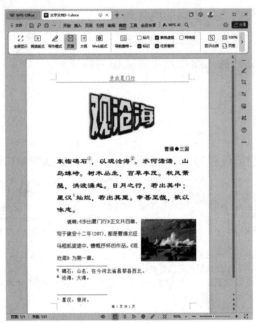

图5-2 编辑后的文档效果

2. 表格设置

(1)新建WPS文字文档,保存为"文字文档5-2.docx",绘制如图5-3所示的表格,并输入相应文字,要求表格中所有文字的格式设置为华文新魏、小四号,在单元格中部居中。

图5-3 编辑表格内容

(2) 将表格外框线设置为 1.5 磅双实线,内框线改为 1.5 磅单实线。

(3) 将第一列右边线设置为 1.5 磅双实线,红色。

(4) 将第一行、第二行行高设为 1 厘米。

(5) 将文字内容为"贴照片处"的单元格设置 30% 底纹,并在此处插入任意一张图片,设置图片浮于文字上方。

(6) 保存文件。

编辑后效果如图 5-4 所示。

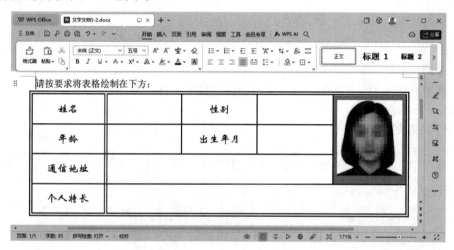

图 5-4　编辑后的文档效果

实验六　WPS 表格的基本操作

一、实验目的

(1)掌握建立工作表的一般方法。
(2)熟练掌握 WPS 表格中公式的使用方法。
(3)掌握单元格的引用方法。
(4)掌握利用 WPS 表格中的函数进行数据统计的方法。

二、实验内容及步骤

(1)在 WPS Office 中单击"新建"→"表格"→"空白表格",保存文件为"工作簿 6-1.xlsx",并在编辑窗口输入如图 6-1 所示内容。

图 6-1　编辑工作表内容

(2)新建工作表"Sheet2",将工作表"Sheet1"中的数据复制到工作表"Sheet2"中相同位置,将"Sheet1"删除并将"Sheet2"改名为"销售情况表";在"销售情况表"前插入一张新工作表,再将其移动到所有工作表的最后;复制"销售情况表",并将新工作表更名为"销售统计表"。

(3)在"销售统计表"中做如下编辑,编辑后效果如图 6-2 所示:

①在第一行前插入一行,并设置行高为 40 磅,将单元格 A1~G1 合并后居中,输入标题

"第二季度电视机销售统计表",设置字体格式为蓝色、粗楷体、20 磅、加双下画线并采用水平居中、垂直居中的对齐方式;将第 3 行和第 6 行交换位置并将 F 列删除。

②选择表格数据区域,单击"开始"→"套用表格样式","主题颜色"选择"蓝色",样式选择"预设样式"中的"表样式 11",对"销售统计表"进行快速格式化。

③将表格中各行行高设置为 30 磅,各列列宽设置为 12 字符;各列标题设置字体格式为白色、加粗、12 磅,并且垂直和水平都居中对齐。

④表格中的其他内容水平靠右对齐、垂直居中,字体格式为 12 磅、加粗。

⑤设置表格边框线:外框为最粗的蓝色单线,内框为最细的黑色单线;设置表格各列标题的下框线为红色双线。

⑥在"平均销量""总计"和"销售量小计"栏中分别计算每月份的平均销量、每月的总销量和各品牌电视机的季度销售量小计。将单元格 A8 与 B8 合并后居中,单元格 A9 与 B9 合并后居中;"平均销量"栏保留 1 位小数。

⑦在单元格 F10 中计算该季度的所有销量总数的平方根,并将该 F10 命名为"总销量的平方根"。

⑧页面设置和打印预览。将"纸张大小"设置为"A4",横向打印;上、下页边距都为 3,左、右页边距都为 2,页眉和页脚都设为 1.5;水平居中;页眉居右插入自己的姓名,页脚居中插入页码及居右插入日期;根据需要进行手动调整页边距。

图 6-2 编辑后的工作表效果

(4)打开最后的新工作表,在该工作表的单元格 A2~A10 中分别输入数字 1~9,单元格 B1~J1 中也分别输入数字 1~9,然后通过公式或函数复制的方法,得到如图 6-3 所示的工作表。

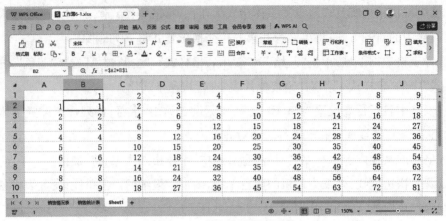

图6-3　新工作表编辑效果

实验七　WPS 表格图表及表格数据处理

一、实验目的

(1) 了解图表的作用及图表中的术语。

(2) 掌握图表的创建和编辑。

(3) 掌握图表的格式化。

(4) 掌握数据的排序、筛选、分类汇总的方法。

二、实验内容及步骤

(1) 新建 WPS 表格,保存文件为"工作簿 7-1.xlsx",并在编辑窗口输入如图 7-1 所示内容。

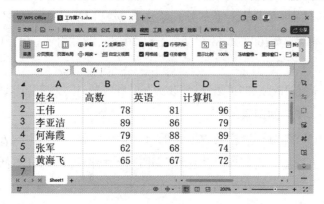

图 7-1　编辑工作表内容

(2) 为上面的数据创建一个嵌入的簇状柱形图图表,图表标题为"学生成绩表",编辑后效果如图 7-2 所示。

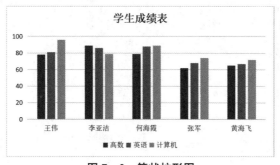

图 7-2　簇状柱形图

(3)右击图表选择"选择数据",交换"高数"数据系列和"计算机"数据系列的次序,使"计算机"数据系列在最前面,而"高数"数据系列在最后;设置垂直坐标轴的主要刻度单位为10。

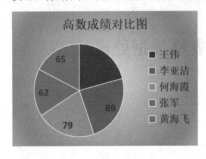

图7-3 饼图

(4)选择数据,插入饼图中的第一种,单击"图表工具"→"快速布局",选择"布局6",图表属性中的填充设置为"渐变填充",渐变样式为"射线渐变"→"中心辐射";设置图表区的字体格式为宋体、加粗、12磅、蓝色;标题改为"高数成绩对比图",将标签的"百分比"改为"值",编辑后效果如图7-3所示。

(5)插入新工作表"Sheet2",将工作表"Sheet1"中的数据复制到工作表"Sheet2"中的相应区域,进行数据修改。在"姓名"右边插入"性别"一列;在"计算机"右边添加两列,名称分别为"平均分"和"总分"。设置各列标题字体格式为12磅、加粗并居中对齐;其他内容字体格式为12磅并居中对齐。各列列宽为11,行高为15。

(6)在"Sheet2"中做如下编辑,编辑后效果如图7-4所示:

①在数据清单"性别"列中从上至下分别添加数据"男""女""女""男""男""男";添加四条记录,数据分别是"肖萍萍、女、69、74、87""胡凯、男、80、65、78""舒玉、女、71、82、81"和"刘泰、男、76、65、85"。

②将"舒玉"的"高数"成绩和"英语"成绩改为"69"和"73";将"刘泰"记录删除。

③检索"英语>=85"的记录。

④计算出"平均分"和"总分"栏的数据结果,其中"平均分"栏保留2位小数。

⑤在"总分"右边添加一列,名称为"总评",并进行总评计算:总分不低于230为合格,否则为不合格。

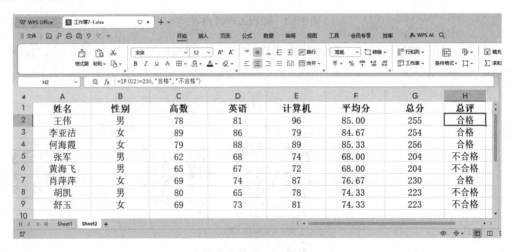

图7-4 "Sheet2"编辑后的效果

(7)插入新工作表"Sheet3",将工作表"Sheet2"中的数据复制到工作表"Sheet3"中的相应区域。

(8)在"Sheet3"中做如下编辑,编辑后效果如图7-5所示:

①将"Sheet3"中的数据按性别升序排列,性别相同的按总分降序(递减)排列,总分相同的按计算机成绩降序排列。

②将数据筛选出总分小于230或大于等于255的女生记录,并将筛选结果放在以A15开始的单元格中。

③使用高级筛选筛选出高数成绩大于75,计算机成绩大于85的记录,筛选结果放在以A20开始的单元格中。

图7-5 "Sheet3"编辑后的效果

(9)插入新工作表"Sheet4",将"Sheet2"中的数据复制到"Sheet4"中的相应区域,并在"Sheet4"中进行分类汇总男、女生及全部学生的英语平均成绩及人数,如图7-6所示。

图7-6 "Sheet4"编辑后的效果

实验八　WPS 演示文稿基本操作

一、实验目的

(1) 掌握 WPS 演示文稿的启动与退出方法。
(2) 掌握创建 WPS 演示文稿的方法。
(3) 掌握 WPS 演示文稿建立的基本过程。
(4) 了解 WPS 演示文稿格式设置的方法。
(5) 掌握 WPS 演示文稿中的超链接、动作设置的方法。
(6) 掌握幻灯片的切换及演示文稿放映的设置方法。

二、实验内容及步骤

(1) 在 WPS Office 中单击"新建"→"演示"→"空白演示文稿",保存文件为"演示文稿 8-1.pptx",并创建 2 张幻灯片。

(2) 单击"设计"→"更多设计",在"全文换肤"→"分类"中选择"中国风""免费专区",找到"蓝色中国古韵文化通用 PPT",将演示文稿的主题设置为此主题。

(3) 在幻灯片 1 标题区输入文字"九江旅游景点",字体格式为微软雅黑、80 磅,副标题输入"江西•九江"。

(4) 将幻灯片 2 的版式设置为"标题和内容",在标题区输入"目录",字体格式为微软雅黑、32 磅,在内容区输入三个景点的名称,字体格式为幼圆、24 磅,适当调整内容区的位置,幻灯片 2 的背景颜色填充为"渐变填充"。

(5) 插入新幻灯片,将幻灯片 3 的版式设置为"左右",标题为"庐山国家重点风景名胜区",字体格式为微软雅黑、24 磅,在内容区输入景点介绍,字体格式为幼圆,在右边插入图片"庐山风景区.jpg"。

(6) 右击幻灯片 3,执行"复制幻灯片"命令两次,选择幻灯片 4 和幻灯片 5,修改对应的文字和图片内容。

(7) 选择幻灯片 2,选中文字"庐山国家重点风景名胜区",单击"插入"→"超链接","本文档中的位置"选择幻灯片 3,"超链接颜色"设置"链接无下画线"。用同样的方法制作另外两个景点的链接。

(8) 选择幻灯片 3,单击"插入"→"形状",选择"左箭头",绘制一个左箭头,然后输入"返回目录";选择左箭头,单击"插入"→"动作"→"超链接到"→"幻灯片",选择"目录"幻灯片;将左箭头复制到幻灯片 4 和幻灯片 5 中。

(9)将幻灯片 3 的切换效果设置为"线条"。

(10)将幻灯片 4 中的图片进入动画设置为"自顶部""飞入"。

(11)幻灯片 5 切换方式设置为"百叶窗",持续时间为 2 秒。

(12)将幻灯片 5 的标题进入动画方式设置为"缩放",动画属性选择"外"。

(13)将演示文稿的日期和时间设置为自动更新,并全部应用。

(14)设置页脚,使除标题版式的幻灯片外,其他所有幻灯片的页脚文字为"九江旅游景点",编辑后的演示文稿如图 8-1 所示。

图 8-1 演示文稿编辑后的效果

(15)单击"放映"→"从头开始"(或按快捷键[F5]),最后保存文件。

实验九　Raptor 编程设计

一、实验目的

(1) 熟悉 Raptor 的基本工作环境。

(2) 掌握 Raptor 的基本符号和基本操作。

(3) 掌握 Raptor 的控制结构的设计方法。

(4) 掌握 Raptor 的数组应用。

(5) 掌握 Raptor 的子图和子程序的设计方法。

(6) 理解基本算法设计思想。

二、实验内容及步骤

(1) 输入任意一个华氏温度值,然后将其转换成摄氏温度输出。

算法分析:

此程序可以使用变量 f 存放输入的华氏温度值,变量 c 存放转换后的摄氏温度值;华氏转摄氏的换算公式为: $c=5/9(f-32)$;需要依次使用"输入""赋值""输出"3 种指令符号。

操作步骤:

① 打开 Raptor 软件,单击"新建"按钮,创建一个新的空白流程图,在运行的 Raptor 界面上,单击"保存"按钮,保存文件为"华氏转摄氏.rap"。

② 在画流程图的工具窗口中,单击"输入"符号,将其拖放到流程图的中间位置,并双击"输入"图形或右击后选择"编辑",在弹出窗口的"输入提示"框中输入提示文字""Fahrenheit temperature:"",在"输入变量"框中输入保存华氏温度的变量名称"f",如图 9-1 所示。单击"完成"按钮后,如图 9-2 所示。

③ 单击"赋值"符号,将其拖放到流程图"输入"图形后面,并双击"赋值"图形或右击后选择"编辑",在弹出窗口的"Set"框中输入需要赋值的变量名称"c",在"to"框中输入计算摄氏温度的表达式"(5/9)*(f-32)",如图 9-3 所示。单击"完成"按钮后,如图 9-4 所示。

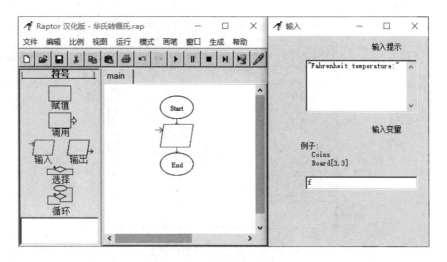

图 9-1 "输入"符号的使用

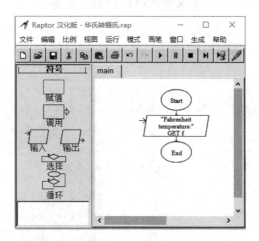

图 9-2 "输入"符号完成界面

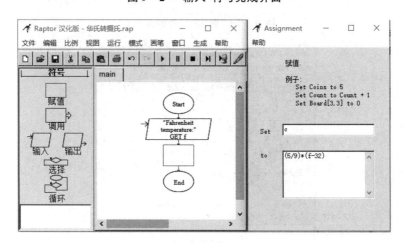

图 9-3 "赋值"符号的使用

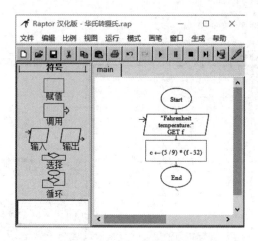

图 9-4 "赋值"符号完成界面

④单击"输出"符号,将其拖放到流程图"赋值"图形后面,并双击"输出"图形或右击后选择"编辑",在弹出的窗口中输入要输出的内容""Celsius temperature:"＋c",以输出运算结果,如图 9-5 所示。单击"完成"按钮后,如图 9-6 所示。

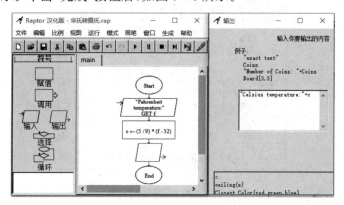

图 9-5 "输出"符号的使用

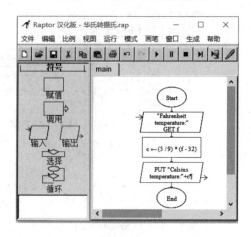

图 9-6 "输出"符号完成界面

⑤流程图画好后,可以单击"运行"按钮。

⑥在弹出的"输入"窗口中输入华氏温度值,如"100",并单击"确定"按钮,如图 9-7 所示。

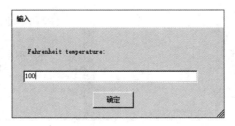

图 9-7　程序运行输入界面

⑦依次运行赋值运算和输出后,在主控台上可以看到运算结果,如图 9-8 所示。

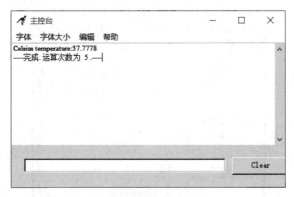

图 9-8　程序运行结果界面

通过以上步骤,就可以使用 Raptor 创建一个简单的程序,将输入的华氏温度值转换成摄氏温度值并输出结果。

(2)输入任意一个年份,判断该年是否为闰年。若是则显示"Yes",否则显示"No"。

算法分析:

闰年是指公历年份中能够被 4 整除但不能被 100 整除,或者能够被 400 整除的年份。此程序可以使用变量 y 存放输入的年份值,对闰年的判断需要使用"选择"符号。

操作步骤:

①打开 Raptor 软件,单击"新建"按钮,创建一个新的空白流程图,在运行的 Raptor 界面上,单击"保存"按钮,保存文件为"判断闰年.rap"。

②在画流程图的工具窗口中,单击"输入"符号,将其拖放到流程图的中间位置,并双击"输入"图形或右击后选择"编辑",在弹出窗口的"输入提示"框中输入提示文字""year:"",在"输入变量"框中输入保存年份值的变量名称"y",如图 9-9 所示。单击"完成"按钮后,如图 9-10 所示。

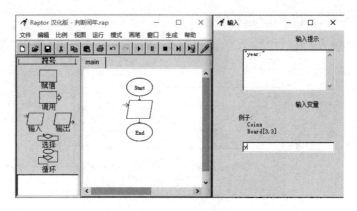

图9-9 "输入"符号的使用

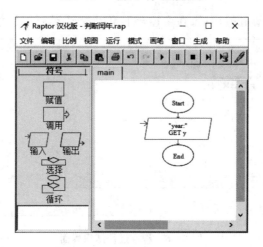

图9-10 "输入"符号完成界面

③单击"选择"符号,将其拖放到流程图"输入"图形后面,并双击"选择"图形或右击后选择"编辑",在弹出的窗口中输入判断闰年的条件"(y mod 4＝0 and y mod 100 ！＝0) or (y mod 400＝0)",如图9-11所示。单击"完成"按钮后,如图9-12所示。

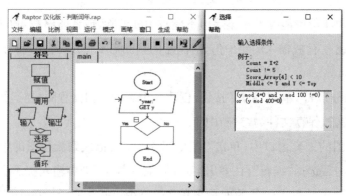

图9-11 "选择"符号的使用

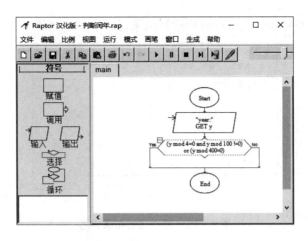

图 9-12 "选择"符号完成界面

④单击"输出"符号,将其拖放到流程图"选择"图形"Yes"分支和"No"分支的后面,并双击"输出"图形或右击后选择"编辑",在弹出的窗口中输入相应要输出的内容""Yes""和""No"",作为输出运算结果。单击"完成"按钮后,如图 9-13 所示。

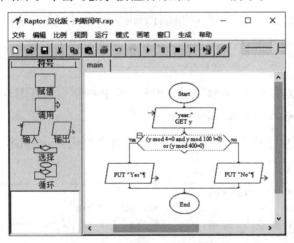

图 9-13 "输出"符号完成界面

⑤流程图画好后,可以单击"运行"按钮。

⑥在弹出的"输入"窗口中输入年份值,如"2023",并单击"确定"按钮,如图 9-14 所示。

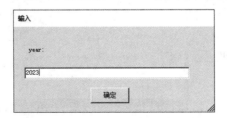

图 9-14 程序运行输入界面

⑦依次运行后,在主控台上可以看到运算结果,如图9-15所示。

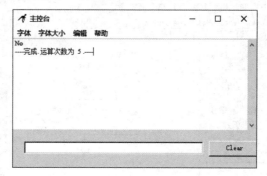

图9-15　程序运行结果界面

通过以上步骤,就可以使用Raptor创建一个简单的程序,对输入的年份值是否为闰年进行判断并输出结果。

(3)求1!+2!+3!。

算法分析:

因为$n! = 1 \times 2 \times 3 \times \cdots \times n$,阶乘功能计算时需要使用"循环"指令符号来实现累乘.此程序需要重复使用阶乘功能,所以可以把求阶乘的功能写成子程序。

操作步骤:

①打开Raptor软件,单击"新建"按钮,创建一个新的空白流程图,在运行的Raptor界面上,单击"保存"按钮,保存文件为"阶乘的和.rap"。

②选择"模式"菜单下的"中级",Raptor切换到中级模式,在此模式下可以建立"子程序",如图9-16所示。

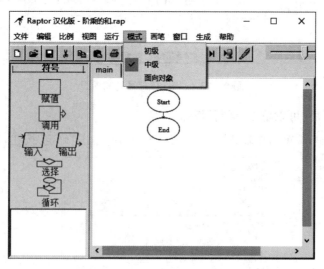

图9-16　切换到中级模式

③在 main 子图标签上右击,在弹出的快捷菜单中选择"增加一个子程序"命令,如图 9-17 所示,打开"创建子程序"对话框。

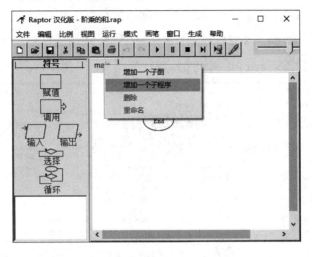

图 9-17　增加一个子程序

④在"创建子程序"对话框中输入子程序名"fact",设置"输入"属性的参数名为"n",作为输入的值,设置"输出"属性(取消勾选"输入",并勾选"输出")的参数名为"f",作为输出阶乘结果值,如图 9-18 所示,单击"确定"按钮。

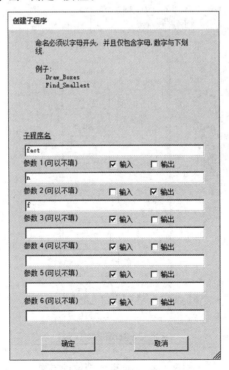

图 9-18　"创建子程序"对话框

⑤main 子图需要调用 fact 子程序。切换到 main 子图,单击"赋值"符号,将其拖放到流程图的中间位置,并将 0 赋值给变量"sum"。单击"调用"符号,将其拖放到流程图的恰当位置,并双击"调用"图形或右击后选择"编辑",在弹出的窗口中输入"fact(1,f)",表示调用子程序求"1!",如图 9-19 所示。求"2!"和"3!"的方法类似,另外还有多次"赋值"和一次"输出"的设置,这里就不再赘述。main 子图的全部设计如图 9-20 所示。

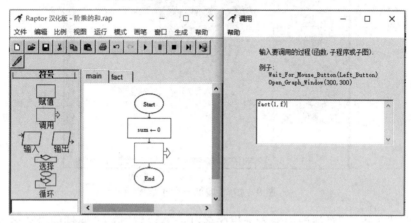

图 9-19 "调用"符号的使用

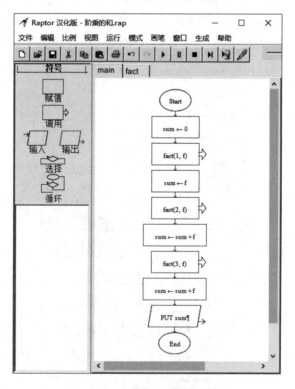

图 9-20 main 子图设计界面

⑥切换到 fact 子程序,先将两个"赋值"符号拖放到流程图"Start"图形后面,依次给变量

"i"和"f"赋初始值为"1",再将"循环"符号拖放到流程图"赋值"图形后面,双击"循环"图形或右击后选择"编辑",在弹出的窗口中输入循环控制条件,因为默认是条件变为 True/Yes 终止循环,所以条件可以设置为"i>n",如图 9-21 所示。

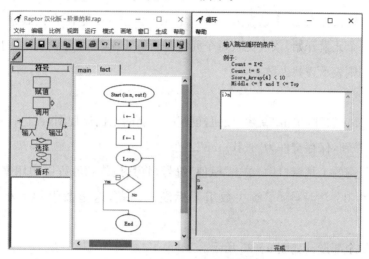

图 9-21 "循环"符号的使用

⑦将两个"赋值"符号拖放到流程图"循环"图形中菱形符号的下方,依次给变量"f"赋值为"f*i",变量"i"赋值为"i+1"。当循环条件为 False/No 时,这两条赋值语句会重复执行,直到条件变为 True/Yes。fact 子程序的全部设计如图 9-22 所示。

⑧流程图全部画好后,单击"运行"按钮,在主控台上可以看到运行结果,如图 9-23 所示。

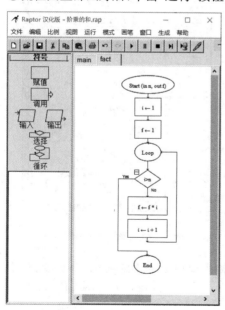

图 9-22 fact 子程序设计界面

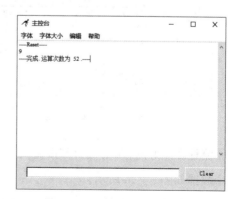

图 9-23 程序运行结果界面

通过以上步骤,就可以使用 Raptor 创建一个简单的程序,实现阶乘求和。

(4) 用顺序查找法查找数据,若找到数据则显示该数的下标,否则显示"Not found!"。

算法分析:

此程序可以输入任意 10 个数存入一维数组 arr,再输入一个待查找数据存入变量 x,然后从数组的第一个元素开始,依次比较每个元素是否等于 x,若相等则表示查找成功;若扫描结束仍没有找到则表示查找失败。

操作步骤:

① 打开 Raptor 软件,单击"新建"按钮,创建一个新的空白流程图,在运行的 Raptor 界面上,单击"保存"按钮,保存文件为"查找.rap"。

② 在画流程图的工具窗口中,单击"赋值"符号,将其拖放到流程图中用来创建数组 arr,数组元素的值为 0。注意:为了解决数组下标溢出问题,这里数组的大小设置为 11,如图 9-24 所示。

③ 流程图的全部设计如图 9-25 所示。

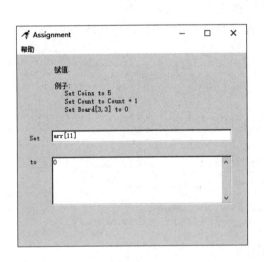

图 9-24 设置数组

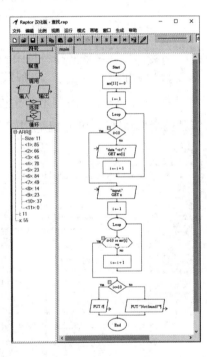

图 9-25 整体流程图设计

④ 流程图画好后,单击"运行"按钮,在弹出的输入窗口中依次输入 10 个数据,其中输入第 1 个数据如图 9-26 所示。

⑤ 输入要查找的数据,如 55(不在数组 arr 中),则在主控台看到运行结果如图 9-27 所示。

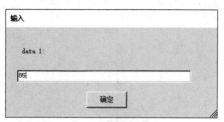

图 9-26 输入数据存入数组

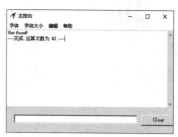

图 9-27 程序运行结果界面

通过以上步骤,就可以使用 Raptor 创建一个顺序查找程序。

(5)《张丘建算经》中有这样一个"百鸡问题":"今有鸡翁一,值钱五;鸡母一,值钱三;鸡雏三,值钱一。凡百钱买鸡百只,问鸡翁、母、雏各几何?"其意为:公鸡每只 5 元,母鸡每只 3 元,小鸡 3 只一元,现要求用 100 元买 100 只鸡(三种类型的鸡都要买),问公鸡、母鸡、小鸡各买几只?

算法分析:

如果只买公鸡,最多可以买 20 只,但题目要求买 100 只,由此可知,所买公鸡的数量肯定在 1~20 之间。同理,母鸡的数量 1~33 之间,小鸡的数量在 3~99 之间(且步长为 3)。在此不妨把公鸡、母鸡和小鸡的数量分别设为 x,y,z,则 $x+y+z=100, 5x+3y+z/3=100$。

操作步骤:

①打开 Raptor 软件,单击"新建"按钮,创建一个新的空白流程图,在运行的 Raptor 界面上,单击"保存"按钮,保存文件为"百钱买百鸡.rap"。

②流程图的全部设计如图 9-28 所示。

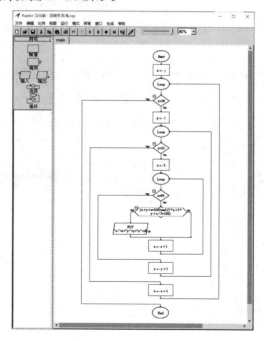

图 9-28 流程图设计界面

③流程图画好后,单击"运行"按钮,在主控台上可以看到运行结果,如图9-29所示。

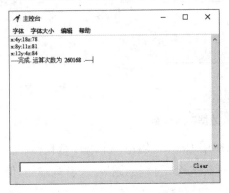

图9-29 程序运行结果界面

通过以上步骤,就可以使用Raptor创建一个程序,程序的运行结果列出了"百鸡问题"的所有非零解。

(6)兔子的繁殖问题:如果一对兔子从出生满两个月就有繁殖能力,并且每月繁殖一对幼兔(假设兔子只生不死),求一年后的兔子总数。

算法分析:

由题意可知,第二个月时,幼兔长成成年兔子;第三个月时这对成年兔子生下一对幼兔,兔子总数变成了两对;第四个月时,这对成年兔子又生下一对幼兔,兔子总数变成了三对……可以看出,每月兔子总数的规律是:从第三个月开始,每月兔子的总数是前两个月兔子数之和,即每月兔子的总数是1,1,2,3,5,…对。这里可以将每月的兔子总数存入一个数组r。

操作步骤:

①打开Raptor软件,单击"新建"按钮,创建一个新的空白流程图。

②选择"模式"菜单下的"面向对象",保存文件为"兔子繁殖.rap"。在此模式下,Raptor循环控制语句条件变为False/No终止循环,如图9-30所示。

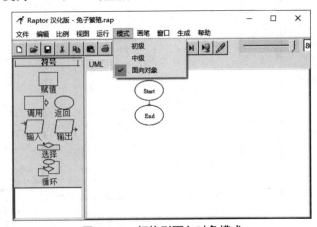

图9-30 切换到面向对象模式

③流程图的全部设计如图9-31所示。

④流程图画好后,单击"运行"按钮,在主控台上可以看到运行结果,如图9-32所示。

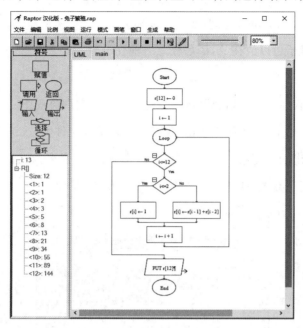

图9-31 流程图设计界面

图9-32 程序运行结果界面

通过以上步骤,就可以使用Raptor创建一个程序,计算出一年后的兔子总数。

(7)汉诺塔问题:汉诺塔是一个源于印度古老传说的益智玩具。在汉诺塔问题当中,设有标号分别为A,B,C的三根柱子,在A柱上放着n个圆盘,每个圆盘都比它下面的圆盘小,要求按规则把A柱上的圆盘全部转移到C柱上,移动的步骤是怎样的呢?

移动规则：

①一次只能移动一个盘子；

②移动过程中大盘子不能放在小盘子上面；

③移动过程中盘子可以放在 A,B,C 任意一根柱子上。

操作步骤：

①打开 Raptor 软件，单击"新建"按钮，创建一个新的空白流程图。

②选择"模式"菜单下的"中级"，单击"保存"按钮，保存文件为"汉诺塔.rap"。在 main 子图标签上右击，在弹出的快捷菜单中选择"增加一个子程序"命令，在打开的"创建子程序"对话框中输入子程序名和参数，如图 9-33 所示，单击"确定"按钮。

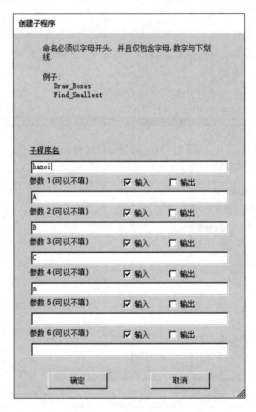

图 9-33 "创建子程序"对话框

③hanoi 子程序的全部设计如图 9-34 所示，main 子图的全部设计如图 9-35 所示。

④流程图画好后，单击"运行"按钮，在主控台上可以看到运行结果，如图 9-36 所示。

通过以上步骤，就可以使用 Raptor 创建一个程序显示移动圆盘（$n=3$ 时）的步骤。在 main 子图中更改 n 的值，也可得到相应的结果。

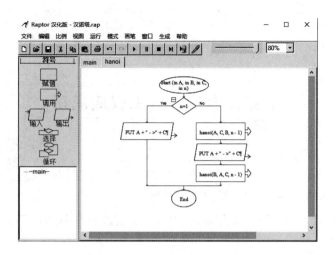

图 9-34 hanoi 子程序设计界面

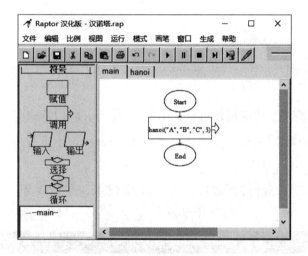

图 9-35 main 子图设计界面

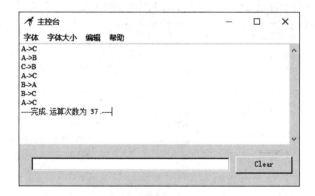

图 9-36 程序运行结果界面

实验十 人工智能应用

一、实验目的

(1)了解百度 AI 技术的应用场景和实现过程。

(2)提高对 AI 技术的认知和掌握能力,为以后的实践和应用打下基础。

二、实验内容与步骤

1. 植物识别

(1)注册百度 AI 开发者账号。

在百度 AI 开放平台(https://ai.baidu.com)注册一个百度 AI 开发者账号。

(2)创建应用。

账号登录成功,需要创建应用才可正式调用 AI 能力。应用是调用 API 服务的基本操作单元,可以基于应用创建成功后获取的 API Key 及 Secret Key 进行接口调用操作和相关配置。步骤如下:

①在顶部菜单,依次选择"开放能力"→"图像技术"→"图像识别"→"植物识别",如图 10-1 所示。

图 10-1 百度 AI 开放平台主页面

②单击"立即使用",进入具体 AI 服务项的控制台,进行相关业务操作。如图 10-2 所示,单击"创建应用"下的"去创建"链接。

图 10-2 AI 服务项控制台

③填写应用名称和应用描述,并勾选接口后,单击"立即创建",如图 10-3 所示。

图 10-3 创建新应用

④成功创建应用后,在应用详情列表中得到 AppID,API Key,Secret Key,如图 10-4 所示。这 3 个信息是应用实际开发的重要凭证。

⑤利用 Key,得到 AccessToken。AccessToken 是用户的访问令牌,承载了用户的身份、权限等信息。有了 AccessToken,就可以向接口发送请求,得到返回结果。

图 10-4　得到 API Key 等凭证

(3)API 在线调试。

在如图 10-5 所示的页面中,上传如图 10-6 所示的测试图片,单击"调试"后,得到如图 10-7 所示的植物识别结果。

图 10-5　植物识别调试页面

图 10-6　测试图片

图 10-7　植物识别结果

2. 文字识别

百度 AI 的 OCR 技术提供多种场景下精准的图像文字识别技术服务,请读者自行实现图像的文字识别调用服务,并观察识别效果。

实验十一　Internet 基础实验

一、实验目的

(1) 掌握 IE 浏览器的基本设置和基本使用方法。

(2) 掌握网上信息资源的搜索和下载方法。

(3) 掌握电子邮件的使用。

二、实验内容及步骤

1. IE 浏览器的基本使用和基本设置

(1) 双击桌面上 IE 浏览器的快捷方式图标,查看 IE 浏览器界面上的菜单栏、标准按钮栏、地址栏等。

(2) 通过域名或 IP 地址访问网站,例如:

① 在地址栏内输入域名 www.baidu.com 进入百度搜索页面;

② 在地址栏内输入 IP 地址 110.242.68.3,进入百度搜索页面。

(3) 收藏夹的使用:把 www.jju.edu.cn 保存到收藏夹中。操作步骤如下:

① 打开要收藏的网站 www.jju.edu.cn;

② 单击菜单栏的"收藏夹",选择"添加到收藏夹"命令,弹出"添加收藏"对话框,如图 11-1 所示;

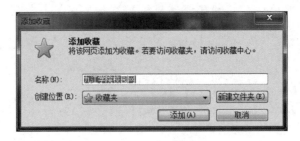

图 11-1　添加收藏

③ 在"名称"文本框中为当前网址起一个收藏名称,如"九江学院校园网";

④ 单击"新建文件夹"按钮,弹出"创建文件夹"对话框,如图 11-2 所示;

图 11－2　创建文件夹

⑤在此对话框的"文件夹名"文本框中输入"我的学校",单击"创建"按钮;

⑥返回"添加收藏"对话框,单击"添加"按钮即可。

(4)使用收藏夹中收藏的地址,例如:

①打开"收藏夹"下拉菜单,找到"我的学校"并打开它的级联菜单,找到"九江学院校园网"并单击,如图 11－3 所示;

②单击 IE 浏览器标准按钮栏中的"查看收藏夹、源和历史记录"按钮,在打开的列表中选择"收藏夹"标签下的"我的学校",在打开的子菜单中选择"九江学院校园网",如图 11－4 所示。

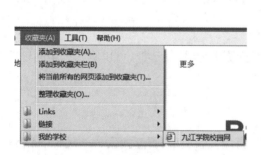

图 11－3　用菜单打开收藏的网站

图 11－4　用标准按钮打开收藏的网站

(5)备份和共享收藏夹:打开"文件"菜单,选择"导入和导出"命令,即可弹出"导入/导出设置"对话框,如图 11－5 所示,完成更新(导入)和备份(导出)收藏夹。

(6)查看历史记录:单击 IE 浏览器标准按钮栏中的"查看收藏夹、源和历史记录"按钮,在打开的列表中选择"历史记录"标签,即可查看在某天的网站浏览历史记录。

(7)IE 浏览器的基本设置。操作步骤如下:

①打开"工具"菜单下的"Internet 选项"命令,在弹出的"Internet 选项"对话框中选择"常规"选项卡,如图 11－6 所示;

 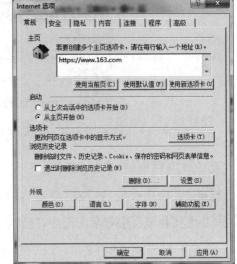

图 11-5 "导入/导出设置"对话框　　　　图 11-6 "常规"选项卡

②在"主页"栏的"地址"文本框中填入网址为 IE 起始主页,如 http://www.163.com;

③在"浏览历史记录"栏中,单击"设置"按钮,弹出"网站数据设置"对话框,在"Internet 临时文件"选项卡中单击"查看文件"来查看 Internet 临时文件;

④在"网站数据设置"对话框的"历史记录"选项卡中设置"在历史记录中保存网页的天数"为 10 天;

⑤勾选"浏览历史记录"栏中"退出时删除浏览历史记录"复选框,可以删除已访问过的网站链接。

2. 掌握网上信息资料的搜索和下载

(1)信息的搜索:掌握常用搜索引擎的使用。常用搜索引擎:百度搜索(www.baidu.com)、360 搜索(www.so.com)、搜狗搜索(www.sogou.com)、中国知网(www.cnki.net)等。

(2)简单搜索:查找北京大学网站。在 IE 浏览器地址栏中输入"www.baidu.com"进入百度搜索,在搜索框中输入关键词"北京大学",然后单击"百度一下"按钮或按[Enter]键,在查询结果中找到北京大学的网站。

(3)网上信息资源的下载:将北京大学首页下载到"文档"中。进入北京大学官网,打开"文件"菜单下的"另存为"命令,在弹出的"保存网页"对话框中选择保存位置"文档",在"文件名"文本框中输入"北京大学首页",单击"保存"按钮即可,如图 11-7 所示。

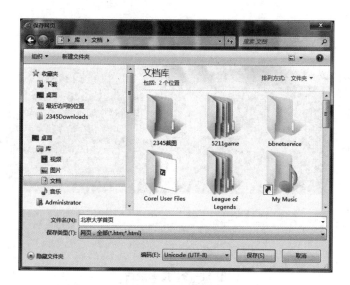

图 11-7　保存网页

(4) 将北京大学的徽标下载到"图片"文件夹中。操作步骤如下：

① 进入北京大学首页，右击左上角的北京大学徽标，在快捷菜单中选择"图片另存为"命令，如图 11-8 所示；

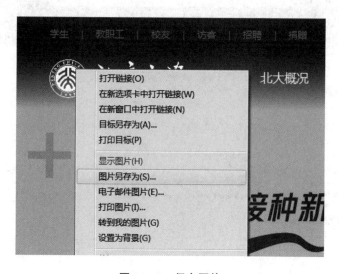

图 11-8　保存图片

② 在弹出的"保存图片"对话框中选择保存位置"图片"文件夹，在"文件名"文本框中输入"北京大学徽标"，单击"保存"按钮即可。

(5) 下载一首自己喜欢的歌曲。操作步骤如下：

① 单击百度搜索引擎主页左上角"更多"中的"音乐"图标，在打开的"千千音乐"页面的搜索框中输入自己喜欢的歌曲名，如图 11-9 所示；

图 11－9　搜索歌曲

②单击搜索按钮或按[Enter]键,在查询结果中右击一个歌曲链接,选择快捷菜单中的"链接另存为"命令,如图 11－10 所示。

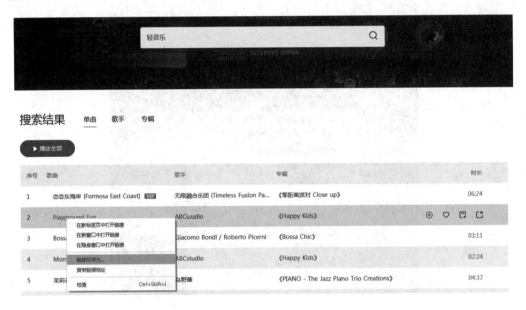

图 11－10　保存歌曲

(6)搜索工具软件"WinRAR",并下载到 D 盘。

(7)搜索某年的全国计算机等级考试一级考试大纲,并下载到 D 盘。

3. 电子邮箱的使用

(1)申请一个免费的电子邮箱。操作步骤如下:

①进入一个提供免费邮箱服务的网站,如 www.163.com、www.sohu.com、www.21cn.com 等;

②找到免费邮箱申请页面进入申请过程,例如输入"http://mail.163.com",进入网易免费邮箱申请页面,如图 11-11 所示;

图 11-11 进入网易免费邮箱

③在右边的登录框中选择"注册网易邮箱",进入注册页面,如图 11-12 所示;

图 11-12 用户注册页面

④在其中正确输入相应信息并通过手机验证后,单击"立即注册"按钮,即可出现注册成功页面,可以由此进入申请的免费邮箱。

(2)收发邮件。

收邮件:进入邮箱,打开"收件箱",单击相关的信件主题查看收到的邮件,如图 11-13 所示。

图 11-13　收件箱

发邮件：进入邮箱，单击"写信"给同学或亲友发送信件，同时可以把一些信息资料以附件方式发送给对方。例如，在网上查找某年全国计算机等级考试一级笔试试题，并以附件形式发送给老师。操作步骤如下：

① 在网上找到某年全国计算机等级考试一级笔试试题，下载保存备用。进入自己的邮箱，在左边窗格中单击"写信"，如图 11-14 所示；

图 11-14　写信

② 在"收件人"文本框中输入接收方邮箱地址，在"主题"文本框中输入邮件主题"全国计算机等级考试一级笔试试题"，选择"添加附件"，在弹出的对话框中选择要添加的文件，单击"打开"按钮，如图 11-15 所示；

③ 在内容文本框中输入信件内容，单击"发送"按钮，如图 11-16 所示，便可成功发送该邮件。如果有多个附件，那么可以继续单击"添加附件"，使用同样的方式将多个附件添加进去。

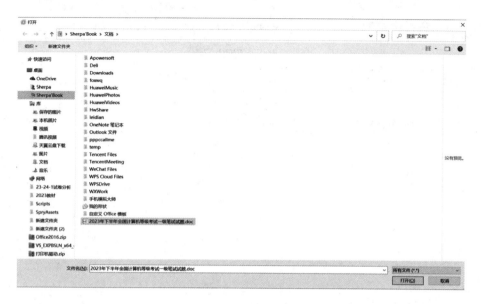

图 11－15　添加附件

图 11－16　发送邮件

4. 常用网址

(1)常用搜索引擎:百度搜索　　　www.baidu.com

　　　　　　　　360 搜索　　　　www.so.com

(2)软件下载:华军软件园　　　　www.onlinedown.net

　　　　　　天空下载　　　　　　www.skycn.com

　　　　　　太平洋电脑网　　　　www.pconline.com.cn

(3)其他:中国知网　　　　　　　www.cnki.net

网址大全	www.hao123.com
	123.sogou.com
电子商务网站	www.dangdang.com
	www.taobao.com
中国铁路网	www.12306.cn

习题一　计算机基础知识

一、选择题

1. 人们习惯上尊称_____为现代电子计算机之父。
   A. 巴贝奇　　　　　　　　　　B. 图灵
   C. 冯·诺依曼　　　　　　　　D. 比尔·盖茨

2. 世界上公认的第一台通用电子计算机是在_____诞生的。
   A. 1846 年　　　　　　　　　　B. 1864 年
   C. 1946 年　　　　　　　　　　D. 1964 年

3. 下列关于世界上第一台通用电子计算机 ENIAC 的叙述中,不正确的是_____。
   A. 它是 1946 年在美国诞生的
   B. 它主要采用电子管和继电器
   C. 它首次采用存储程序和程序控制使计算机自动工作
   D. 它主要用于弹道计算

4. 第四代计算机主要采用_____作为逻辑开关元件。
   A. 电子管　　　　　　　　　　B. 晶体管
   C. 中小规模集成电路　　　　　D. 大规模和超大规模集成电路

5. 计算机之所以能按人们的意志自动进行工作,最直接的原因是采用_____。
   A. 二进制　　　　　　　　　　B. 调整电子元件
   C. 存储程序控制　　　　　　　D. 程序设计语言

6. 按计算机应用分类,目前各部门广泛使用的人事档案管理属于_____。
   A. 实时控制　　　　　　　　　B. 科学计算
   C. 计算机辅助工程　　　　　　D. 数据处理

7. 计算机辅助制造的英文缩写是_____。
   A. CAT　　　　　　　　　　　　B. CAM
   C. CAE　　　　　　　　　　　　D. CAD

8. 北京时间 2022 年 11 月 30 日 7 时 33 分,翘盼已久的"神舟十四号"航天员乘组顺利打开"家门","神舟十五号"航天员乘组费俊龙、邓清明和张陆"到家"。飞船的整个发射过程由计算机监控,计算机在其中的作用是_____。

  A. 科学计算   B. 数据处理

  C. 人工智能   D. 过程控制

9. 在计算机内部,数据是以_____形式加工、处理和传送的。

  A. 二进制码   B. 八进制码

  C. 十进制码   D. 十六进制码

10. 十进制整数转换成二进制整数的方法是_____。

  A. 乘以 2 取整,达到精度为止   B. 除以 2 取整,直到商为 0

  C. 乘以 2 取余,达到精度为止   D. 除以 2 取余,直到商为 0

11. 十进制数 269 转换成十六进制数是_____。

  A. 10B   B. 10C

  C. 10D   D. 10E

12. 下列一组数中,最小的数是_____。

  A. $(2B)_{16}$ B. $(44)_{10}$

  C. $(52)_{8}$ D. $(101001)_{2}$

13. 若在一个非零无符号的二进制整数之后添加一个 0,则此数的值为原来的_____。

  A. 4 倍   B. 2 倍

  C. 0.5 倍   D. 0.25 倍

14. 一个字长为 8 位的无符号二进制整数能表示的十进制数值范围是_____。

  A. 0~256   B. 0~255

  C. 1~256   D. 1~255

15. 在计算机中,字节的英文名称是_____。

  A. bit   B. byte

  C. bou   D. baud

16. 计算机中用来表示存储器容量大小的最基本单位是_____。

  A. 位   B. 字

  C. 字节   D. 兆

17. kB 是度量存储容量大小的常用单位之一,1 kB 实际等于_____。

  A. 1000 字节   B. 1024 字节

  C. 1000 二进制位   D. 1024 字

18. 在计算机中表示存储器容量时,下列描述正确的是_____。

  A. 1 kB = 1024 bit   B. 1 MB = 1024 kB

  C. 1 kB = 1000 B   D. 1 MB = 1024 B

19. 在计算机中,应用最普遍的字符编码是_____。

　　A. BCD 码　　　　　　　　　　　B. 汉字编码

　　C. 计算机码　　　　　　　　　　D. ASCII 码

20. 下列字符中,ASCII 码值最小的是_____。

　　A. A　　　　　　　　　　　　　B. a

　　C. k　　　　　　　　　　　　　D. M

21. 显示或打印汉字时,系统使用的是汉字的_____。

　　A. 机内码　　　　　　　　　　　B. 字形码

　　C. 输入码　　　　　　　　　　　D. 国标码

22. 汉字交换码又称为_____。

　　A. 输入码　　　　　　　　　　　B. 机内码

　　C. 国标码　　　　　　　　　　　D. 输出码

23. 汉字在计算机内的表示方法一定是_____。

　　A. 国标码　　　　　　　　　　　B. 机内码

　　C. 最左位置为 1 的 2 字节代码　　D. ASCII 码

24. 一个汉字的交换码和一个汉字的机内码所占用的字节数均是_____。

　　A. 1　　　　　　　　　　　　　B. 8

　　C. 32　　　　　　　　　　　　　D. 2

25. 一个汉字的机内码占_____字节。

　　A. 1　　　　　　　　　　　　　B. 2

　　C. 32　　　　　　　　　　　　　D. 不能确定

26. 汉字国标码在两个字节中各占用_____位二进制码。

　　A. 6　　　　　　　　　　　　　B. 7

　　C. 8　　　　　　　　　　　　　D. 9

27. 一般情况下,1 kB 内存最多能存储_____个 ASCII 码字符,或_____个汉字机内码。

　　A. 1024,1024　　　　　　　　　B. 1024,512

　　C. 512,512　　　　　　　　　　D. 512,1024

28. 一个 GB/T 2312—1980 的汉字的机内码长度是_____。

　　A. 32 位　　　　　　　　　　　B. 24 位

　　C. 16 位　　　　　　　　　　　D. 8 位

29. GB/T 2312—1980 将汉字进行分级,分为_____。

　　A. 一级汉字和二级汉字　　　　　B. 简体字和繁体字

　　C. 常用字、次常用字和罕见字　　D. 一级、二级和三级汉字

30. 根据 GB/T 2312—1980 的规定,总计有各类符号和一、二级汉字编码_____。

    A. 7145 个　　　　　　　　　　　　B. 7445 个

    C. 3008 个　　　　　　　　　　　　D. 3755 个

31. 根据汉字国标码 GB/T 2312—1980 的规定,汉字分为一级汉字和二级汉字两级,二级汉字的排列次序是按_____。

    A. 偏旁部首　　　　　　　　　　　B. 汉语拼音字母

    C. 笔画多少　　　　　　　　　　　D. 使用频率多少

32. GB/T 2312—1980 将汉字分为两级,一级汉字有_____个。

    A. 5832　　　　　　　　　　　　　B. 3723

    C. 3755　　　　　　　　　　　　　D. 2831

33. GB/T 2312—1980 将汉字分为两级,二级汉字有_____个。

    A. 3755　　　　　　　　　　　　　B. 3008

    C. 3080　　　　　　　　　　　　　D. 3800

34. 根据汉字国标码 GB/T 2312—1980 的规定,一级汉字的排列次序是按_____。

    A. 偏旁部首　　　　　　　　　　　B. 汉字拼音字母

    C. 笔画多少　　　　　　　　　　　D. 使用频率多少

35. 存储 400 个 24×24 点阵汉字字形所需的存储容量是_____。

    A. 255 kB　　　　　　　　　　　　B. 75 kB

    C. 37.5 kB　　　　　　　　　　　　D. 28.125 kB

36. 一个用 48×48 点阵表示一个汉字的字形,所占的字节数是一个用 24×24 点阵汉字字形所需的存储容量的_____倍。

    A. 1　　　　　　　　　　　　　　　B. 2

    C. 4　　　　　　　　　　　　　　　D. 8

37. 五笔字型输入法属于_____。

    A. 音码输入法　　　　　　　　　　B. 形码输入法

    C. 音形结合的输入法　　　　　　　D. 输出码

38. 切换汉字输入法常用的键盘命令是_____。

    A. [Shift+Space]　　　　　　　　　B. [Ctrl+Shift]

    C. [Ctrl+Space]　　　　　　　　　D. [Shift+Enter]

39. "全角"和"半角"的主要区别是_____。

    A. 全角方式下输入的英文字母与汉字输入时同样大小,半角方式下为汉字的一半大

    B. 全角方式下不能输入英文字母,半角方式下不能输入汉字

    C. 全角方式下只能输入汉字,半角方式下只能输入英文字母

D. 半角方式下输入的汉字是全角方式下输入汉字的一半大

40. 键盘上的[Ctrl]键,通常它_____。
   A. 总是与其他键配合使用   B. 不需要和其他键配合使用
   C. 有时与其他键配合使用   D. 和[Alt]键一起使用

41. [Pause]键是_____。
   A. 屏幕打印键   B. 插入键
   C. 暂停键   D. 换挡键

42. _____是大写字母锁定键,主要用于连续输入若干个大写字母。
   A. [Tab]   B. [Ctrl]
   C. [Alt]   D. [Caps Lock]

43. 键盘上的[F1],[F2]键是_____。
   A. 热键   B. 打字键
   C. 功能键   D. 数字键

44. _____键一般用于表示一条命令或参数输入的结束。
   A. [End]   B. [Num Lock]
   C. [Enter]   D. [Esc]

45. 微型计算机键盘上的[Shift]键称为_____。
   A. 回车换行键   B. 退格键
   C. 换挡键   D. 空格键

46. 一台完整的微型计算机系统由_____、存储器、输入设备和输出设备等部件组成。
   A. 硬盘   B. 软件
   C. 键盘   D. 运算及控制单元

47. 微型计算机的处理器简称为_____。
   A. 显示器   B. 外存
   C. CPU   D. 键盘

48. 以 24×24 点阵表示一个汉字的字形,共需要_____字节。
   A. 24×24   B. 24×1
   C. 24×2   D. 24×3

49. RAM 的含义是_____。
   A. 只读存储器   B. 外存储器
   C. 内存储器   D. 随机存储器

50. 通常说的 I/O 设备是指_____。
   A. 通信设备   B. 输入/输出设备

C. 网络设备　　　　　　　　　　　　D. 控制设备

51. ROM 的含义是_____。
   A. 软盘存储器　　　　　　　　　　B. 硬盘存储器
   C. 随机存储器　　　　　　　　　　D. 只读存储器

52. 关机后，_____的存储内容会丢失。
   A. RAM　　　　　　　　　　　　　B. ROM
   C. EPROM　　　　　　　　　　　　D. PROM

53. CPU 包括_____。
   A. 控制器、运算器和存储器　　　　B. 控制器和运算器
   C. 内存储器和控制器　　　　　　　D. 内存储器和运算器

54. 下列指标中不能用来衡量计算机性能的是_____。
   A. 字长　　　　　　　　　　　　　B. 主频
   C. 存储容量　　　　　　　　　　　D. 操作系统性能

55. 计算机向使用者传递计算处理结果的设备称为_____。
   A. 输入设备　　　　　　　　　　　B. 输出设备
   C. 存储器　　　　　　　　　　　　D. 运算器

56. 微型计算机发展的特征是_____。
   A. 主机　　　　　　　　　　　　　B. 处理器
   C. 控制器　　　　　　　　　　　　D. 操作系统

57. 应用软件是指_____。
   A. 所有能够使用的软件
   B. 能够被各个应用单位共同使用的某种软件
   C. 所有微型计算机上都应使用的基本软件
   D. 专门为某一应用目标编写的软件

58. 下列软件属于操作系统的是_____。
   A. AutoCAD　　　　　　　　　　　B. Excel
   C. Unix　　　　　　　　　　　　　D. Word

59. 一个完整的计算机系统包括_____。
   A. 主机、键盘和显示器　　　　　　B. 主机和外围设备
   C. 硬件系统和软件系统　　　　　　D. 主板、CPU 和硬盘

60. 目前常用的打印机有针式打印机、_____和激光打印机。
   A. 击打式打印机　　　　　　　　　B. 复印式打印机
   C. 喷墨打印机　　　　　　　　　　D. 彩色打印机

61. CPU 的中文意义是_____。
    A. 计算机系统　　　　　　　　　　B. 不间断电源
    C. 控制逻辑单元　　　　　　　　　D. 中央处理单元

62. 显示器的点距有 0.35,0.33,0.28,0.25 等规格,最好的是_____。
    A. 0.35　　　　　　　　　　　　　B. 0.33
    C. 0.28　　　　　　　　　　　　　D. 0.25

63. 可编程随机读写存储器的英文缩写为_____。
    A. PRAM　　　　　　　　　　　　B. ROM
    C. EPROM　　　　　　　　　　　D. RAM

64. 内存中每个基本单元都被赋予一个唯一的序号,称为_____。
    A. 容量　　　　　　　　　　　　　B. 地址
    C. 字节　　　　　　　　　　　　　D. 编号

65. 下列设备中属于输入设备的是_____。
    A. 显示器　　　　　　　　　　　　B. 打印机
    C. 鼠标　　　　　　　　　　　　　D. 绘图仪

66. 从磁盘上把数据传回计算机,称为_____。
    A. 输入　　　　　　　　　　　　　B. 输出
    C. 读盘　　　　　　　　　　　　　D. 写盘

67. 一般情况下,外存储器中存储的数据在断电后_____丢失。
    A. 不会　　　　　　　　　　　　　B. 少量
    C. 完全　　　　　　　　　　　　　D. 可能

68. 汇编程序实质上是符号化的_____。
    A. 高级语言　　　　　　　　　　　B. 低级语言
    C. 机器语言　　　　　　　　　　　D. 第三代语言

69. CPU 可以直接访问的存储器是_____。
    A. 硬盘　　　　　　　　　　　　　B. 内存
    C. 光盘　　　　　　　　　　　　　D. 软盘

70. 为解决某一特定问题而设计的指令序列称为_____。
    A. 文档　　　　　　　　　　　　　B. 语言
    C. 系统　　　　　　　　　　　　　D. 程序

71. 通常所说的 64 位机,指的是这种计算机的 CPU _____。
    A. 由 64 个运算器组成　　　　　　B. 能够同时处理 64 位二进制数
    C. 包括 64 个寄存器　　　　　　　D. 主频是 64 MB

72. 计算机能直接识别的语言是_____。

　　A. 机器语言　　　　　　　　　　B. 汇编语言

　　C. 高级语言　　　　　　　　　　D. C 语言

73. 下列有关存储器读写速度的排列，正确的是_____。

　　A. RAM＞cache＞硬盘＞闪存　　　B. cache＞RAM＞硬盘＞闪存

　　C. cache＞硬盘＞RAM＞闪存　　　D. RAM＞硬盘＞cache＞闪存

74. 下列不属于高级语言的是_____。

　　A. Python　　　　　　　　　　　B. Java

　　C. C 语言　　　　　　　　　　　D. 汇编语言

75. 配置 cache 是为了解决_____。

　　A. 内存与辅助存储器之间速度不匹配的问题

　　B. CPU 与辅助存储器之间速度不匹配的问题

　　C. CPU 与内存储器之间速度不匹配的问题

　　D. 主机与外设之间速度不匹配的问题

76. 通常说的 486，Pentium Ⅱ，Pentium Ⅲ 等计算机是针对该计算机的_____而言的。

　　A. CPU 的速度　　　　　　　　　B. 内存容量

　　C. CPU 的型号　　　　　　　　　D. 总线标准类型

77. 我国自行研制的曙光计算机属于_____。

　　A. 大型计算机　　　　　　　　　B. 小型计算机

　　C. 巨型计算机　　　　　　　　　D. 微型计算机

78. 微型计算机中内存储器比外存储器_____。

　　A. 读写速度快　　　　　　　　　B. 存储容量大

　　C. 运算速度慢　　　　　　　　　D. 以上 3 项都正确

79. 微型计算机使用的键盘上的[Ctrl]键称为_____。

　　A. 控制键　　　　　　　　　　　B. 上档键

　　C. 退格键　　　　　　　　　　　D. 交替换档键

80. 在多媒体计算机系统中，不能用来存储多媒体信息的是_____。

　　A. 磁带　　　　　　　　　　　　B. 光缆

　　C. 磁盘　　　　　　　　　　　　D. 光盘

81. 下列说法中不正确的是_____。

　　A. 把数据从内存传输到硬盘叫作写盘

　　B. 把源程序转换为目标程序的过程叫作编译

　　C. 应用软件对操作系统没有任何要求

D. 计算机内部对数据的传输、存储和处理都使用二进制

82. "裸机"是指计算机_____。
   A. 无产品质量保证书 B. 只有软件没有硬件
   C. 没有包装 D. 只有硬件没有软件

83. 目前广泛使用的数据库管理系统,如 SQL server 等,按照计算机软件分类应属于_____。
   A. 系统软件 B. 应用软件
   C. 操作系统 D. 高级语言

84. 微型计算机上操作系统的作用是_____。
   A. 解释执行源程序 B. 编译源程序
   C. 进行编码转换 D. 控制和管理系统资源

85. 下面关于显示器的说法中正确的是_____。
   A. 分辨率越高,显示的图形越清晰
   B. 分辨率越高,显示的图形色彩越丰富
   C. 分辨率越高,显示器的点距越大
   D. 分辨率越高,显示器的图像抖动情况越少

86. 存储器中,存取速度最快的是_____。
   A. CD-ROM B. 内存储器
   C. 软盘 D. 硬盘

87. _____是计算机内存的一部分,CPU 对其只取不存。
   A. RAM B. cache
   C. ROM D. 磁盘

88. 操作系统是_____的接口。
   A. 软件和硬件 B. 计算机和外设
   C. 用户和计算机 D. 高级语言和机器语言

89. 在当前使用的打印机中,印刷质量最好,分辨率最高的是_____。
   A. 行式打印机 B. 点阵打印机
   C. 喷墨打印机 D. 激光打印机

90. 下列诸多因素中,对微型计算机工作影响最小的是_____。
   A. 尘土 B. 噪声
   C. 温度 D. 湿度

91. 下列软件中,属于应用软件的是_____。
   A. BASIC 解释程序 B. UCDOS 系统

C. 财务管理系统　　　　　　　　　　D. Pascal 编译程序

二、填空题

1. 计算机一次能处理的二进制位数称为_____。
2. cache 也称为_____。
3. 高级语言的翻译有两种方式：_____和_____。
4. 一条计算机指令至少包括_____和_____两部分。
5. 计算机软件分为_____和_____。
6. CPU 只能从_____中读取数据。
7. 一台主机由_____和_____组成。
8. MIPS 是用来衡量计算机_____部件性能的，其意思是_____。
9. 计算机的工作原理是_____。
10. 存储 400 个 16×16 点阵汉字字形所需的存储容量是_____ kB。

三、简述题

1. 谈谈你对冯·诺依曼"存储程序和程序控制"原理的理解。
2. 简述计算机的发展趋势。
3. 计算机的五大部件是什么？简述它们的功能和作用。
4. 衡量微型计算机性能的指标通常有哪些？

习题二　计算机新技术

简述题

1. 何为新质生产力？简述新质生产力与现代产业体系的关系。
2. 支持数字经济发展的关键核心技术有哪些？
3. 按照云计算的服务类型，云计算服务模型分别为哪几类？
4. 分别分析国内四家主流云服务提供商(阿里云、百度云、腾讯云及华为云)提供云服务的特点。
5. 简述物联网的特征。
6. 简述物联网的体系结构。
7. 何为人工智能？
8. 简述人工智能对所学专业的影响。
9. 简述大数据的主要特征。
10. 简述大数据的应用领域，思考大数据技术对所学专业的影响。

习题三 操作系统及其使用

一、选择题

1. 在计算机系统中,操作系统是_____。
   A. 一般应用软件 　　　　　　　　B. 系统软件
   C. 用户工具软件 　　　　　　　　D. 用户应用软件

2. 操作系统功能主要是管理计算机的所有资源。一般认为操作系统对_____方面进行管理。
   A. 处理器、存储器、控制器、输入输出
   B. 处理器、存储器、输入输出和数据
   C. 处理器、存储器、输入输出和过程
   D. 处理器、存储器、输入输出和计算机文件

3. _____不是操作系统具备的主要功能。
   A. 内存管理 　　　　　　　　　　B. 中断处理
   C. 文档编辑 　　　　　　　　　　D. CPU 调度

4. _____不属于操作系统功能。
   A. 用户管理 　　　　　　　　　　B. CPU 和存储管理
   C. 设备管理 　　　　　　　　　　D. 文件和作业管理

5. 下列说法中不正确的是_____。
   A. 操作系统是一种软件
   B. 计算机是一个资源的集合体,包括软件和硬件资源
   C. 计算机硬件是操作系统工作的实体,操作系统的运行离不开硬件的支持
   D. 操作系统是独立于计算机系统的,它不属于计算机系统

6. 计算机系统中必不可少的软件是_____。
   A. 操作系统 　　　　　　　　　　B. 语言处理程序
   C. 工具软件 　　　　　　　　　　D. 数据库管理系统

7. 下列说法中正确的是_____。
   A. 操作系统是用户和控制对象的接口
   B. 操作系统是用户和计算机的接口

C. 操作系统是计算机和控制对象的接口

D. 操作系统是控制对象、计算机和用户的接口

8. 下列关于进程的叙述中,最不符合对操作系统中进程的理解的是_____。

　A. 进程是一个完整的程序

　B. 进程是动态的

　C. 进程是系统进行资源分配和调度的独立单位

　D. 进程是程序在一个数据集合上的运行

9. 一般桌面操作系统,如麒麟桌面操作系统中采用_____结构来组织和管理文件。

　A. 线型　　　　　　　　　　　　B. 星形

　C. 树形　　　　　　　　　　　　D. 网状

10. 设有文本文件"readme"存放在 C 盘文件夹"file"下,则它的带路径文件名为_____。

　A. C:\readme/file.exe　　　　　B. C:/file/readme score.txt

　C. C:\readme\file.exe　　　　　D. C:\file\readme.txt

11. 图形界面操作系统中一般用来进行"复制"的快捷键是_____。

　A. [Ctrl+A]　　　　　　　　　　B. [Ctrl+C]

　C. [Ctrl+V]　　　　　　　　　　D. [Ctrl+X]

12. 图形界面操作系统中一般用来进行"粘贴"的快捷键是_____。

　A. [Ctrl+A]　　　　　　　　　　B. [Ctrl+C]

　C. [Ctrl+V]　　　　　　　　　　D. [Ctrl+X]

13. 在下列字符中,_____不能作为一个文件的文件名的组成部分。

　A. A　　　　　　　　　　　　　B. *

　C. $　　　　　　　　　　　　　D. 8

14. 麒麟桌面操作系统是一种_____软件。

　A. 信息管理　　　　　　　　　　B. 实时控制

　C. 文字处理　　　　　　　　　　D. 系统

15. 在多任务操作系统中,当多个程序被依次启动运行时,屏幕上显示的是_____。

　A. 最初一个程序窗口　　　　　　B. 最后一个程序窗口

　C. 系统的当前窗口　　　　　　　D. 多窗口叠加

16. 在多任务操作系统中,"桌面"指的是_____。

　A. 整个屏幕　　　　　　　　　　B. 全部窗口

　C. 某个窗口　　　　　　　　　　D. 活动窗口

17. 在图形操作系统的菜单中,若菜单项后面有"▶"符号,则表示_____。

　A. 该菜单不能操作　　　　　　　B. 选用该菜单会出现对话框

C. 该菜单有级联菜单 D. 可用快捷键来执行此菜单命令

18. 下列有关操作系统的说法中正确的是_____。

    A. 双击任务栏上的日期/时间显示区,可调整计算机默认的日期或时间

    B. 若鼠标坏了,则将无法正常退出操作系统

    C. 若鼠标坏了,则无法选中桌面上的图标

    D. 任务栏只能位于屏幕的底部

19. 下列有关操作系统的说法中正确的是_____。

    A. 正确的关机顺序是:退出应用程序,回到桌面,直接关闭电源

    B. 系统默认情况下,右击桌面上的图标,即可运行某个应用程序

    C. 若要重新排列图标,应首先双击桌面空白处

    D. 选中图标,再单击其下的文字,可修改其内容

20. 在桌面操作系统中,下列关于"开始"菜单的叙述中不正确的是_____。

    A. 单击"开始"按钮可以启动"开始"菜单

    B. 在"任务栏和「开始」菜单属性"对话框中可以选择"开始"菜单的样式

    C. 可以在"开始"菜单中增加菜单项,但不能删除菜单项

    D. 用户想做的任何事情都可以从"开始"菜单开始

21. 在"文件资源管理器"中,不能对文件或文件夹进行更名操作的是_____。

    A. 单击"文件"菜单中的"重命名"命令

    B. 右击要更名的文件或文件夹,选择快捷菜单中的"重命名"命令

    C. 快速双击要更名的文件或文件夹

    D. 第一次单击选中文件,再在文件名处单击,键入新名称

22. 不属于任务栏组成部分的是_____。

    A. "开始"按钮 B. 应用程序任务按钮

    C. 任务栏指示器 D. 最大化窗口按钮

23. 若一个窗口被最小化,则该窗口_____。

    A. 被暂停执行 B. 被转入后台执行

    C. 仍在前台执行 D. 不能执行

24. 在"开始"菜单里的项目及其所包含的子项_____。

    A. 是固定的 B. 是不能删减的

    C. 只能在安装系统时产生 D. 某些项目中的内容可以由用户自定义

25. 操作窗口内的滚动条可以_____。

    A. 滚动显示窗口内菜单项 B. 滚动显示窗口内信息

    C. 滚动显示窗口的状态栏信息 D. 改变窗口在桌面上的位置

26. 不合法的文件夹名是_____。

    A. x＋y   B. x－y

    C. x＊y   D. x÷y

27. 通常鼠标只需要用两个键就能完成一些基本操作,这两个键分别是_____。

    A. 左键和中键   B. 左键和右键

    C. 右键和中键   D. 滑动轮和左键

28. 对于右手习惯的人要选取一个对象,鼠标的基本动作是_____。

    A. 右键单击   B. 左键单击

    C. 左键双击   D. 以上皆不正确

29. 在一般的桌面操作系统中,"开始"菜单通常位于屏幕的_____。

    A. 右下角   B. 左下角

    C. 左上角   D. 右上角

30. 用户若要打开在桌面和"开始"菜单中都找不到的程序,可以在_____中查找。

    A. 帮助   B. 关机

    C. 文档   D. 搜索程序和文件

31. 在窗口中标题栏位于窗口的_____。

    A. 顶端   B. 底端

    C. 两侧   D. 中间

32. 在"文件资源管理器"窗口中菜单栏位于窗口的_____。

    A. 标题栏上方   B. 标题栏下方

    C. 工具栏下方   D. 状态栏下方

33. 在"文件资源管理器"窗口中工具栏位于窗口的_____。

    A. 菜单栏下方   B. 菜单栏上方

    C. 状态栏下方   D. 标题栏上方

34. 在"文件资源管理器"窗口中状态栏位于窗口的_____。

    A. 顶端   B. 底端

    C. 两侧   D. 中间

35. 滚动条可分为_____滚动条。

    A. 横、竖   B. 垂直、水平

    C. 上、下   D. 左、右

36. _____不是桌面操作系统对话框中常见的元素。

    A. 选项卡   B. 编辑框

    C. 单选按钮   D. 复选框

37. 为了重新排列桌面上的图标,首先应进行的操作是_____。

   A. 右击桌面空白处

   B. 右击任务栏空白处

   C. 右击已打开窗口的空白处

   D. 右击"开始"按钮

38. 文本文件默认的扩展名是_____。

   A. txt   B. doc

   C. xsl   D. wps

39. 在"文件资源管理器"中,选定多个连续文件的方法是_____。

   A. 单击第一个文件,然后鼠标指向最后一个文件,按住[Shift]键同时单击

   B. 单击第一个文件,然后鼠标指向最后一个文件,按住[Ctrl]键同时单击

   C. 单击第一个文件,然后鼠标指向最后一个文件,按住[Tab]键同时单击

   D. 单击第一个文件,然后鼠标指向最后一个文件,按住[Alt]键同时单击

40. 在"文件资源管理器"中,文件夹左侧带"＋"表示_____。

   A. 这个文件夹已经展开了

   B. 这个文件夹受密码保护

   C. 这个文件夹是隐藏文件夹

   D. 这个文件夹下还有子文件夹且未展开

41. 切换中英文输入法的快捷键是_____。

   A. [Ctrl+Space]   B. [Alt+Space]

   C. [Shift+Space]   D. [Tab+Space]

42. 在"文件资源管理器"中,要执行全部选定命令可以利用快捷键_____。

   A. [Ctrl+S]   B. [Ctrl+V]

   C. [Ctrl+A]   D. [Ctrl+C]

43. 打开"文件资源管理器"窗口后,要改变文件或文件夹的显示方式,应选用_____。

   A. "文件"菜单   B. "编辑"菜单

   C. "工具"菜单   D. "帮助"菜单

44. "设置"❀的作用是_____。

   A. 控制所有程序的执行   B. 设置"开始"菜单

   C. 对系统进行有关的设置   D. 设置硬件接口

45. 在"文件资源管理器"中,只查看当前目录下的所有文本文件时,为了查看方便可选择_____的排序方式把同类型的文件集中在一起显示出来。

   A. 按名字排序   B. 按类型排序

C. 按大小排序　　　　　　　　　D. 按日期排序

46. 在"文件资源管理器"窗口中,若单击左窗口中的文件夹图标,则_____。

　　A. 在左窗口中扩展该文件夹

　　B. 在右窗口中显示该文件夹中的子文件夹和文件

　　C. 在左窗口中显示该文件夹中的子文件夹和文件

　　D. 在右窗口中显示该文件夹中的文件

47. 在"文件资源管理器"窗口中,其左边窗口中默认显示的是_____。

　　A. 当前打开的文件夹的内容　　　　B. 系统的文件夹树

　　C. 当前打开的文件夹名称及其内容　D. 当前打开的文件夹名称

48. 下列说法中不正确的是_____。

　　A. 在文件夹窗口中,按住鼠标左键拖动鼠标,可以出现一个虚线框,松开鼠标后将选中虚线框中的所有文件

　　B. 按住[Ctrl]键,单击一个选中的项目即可取消选定

　　C. 单击第一项,按住[Ctrl]键,再单击最后一个要选定的项,即可选中多个连续的项

　　D. 选择"编辑"菜单中的"反向选择"命令,将选定文件夹中未选定的文件

49. 指定活动窗口的最佳方法是_____。

　　A. 单击该窗口内任意位置

　　B. 反复按[Ctrl+Tab]快捷键

　　C. 把其他窗口都关闭,只留下一个窗口

　　D. 把其他窗口都最小化,只留下一个窗口

50. 当桌面上有多个窗口时,这些窗口_____。

　　A. 只能重叠

　　B. 只能平铺

　　C. 既能重叠,也能平铺

　　D. 系统自动设置其平铺或重叠,用户无法改变

51. 在桌面操作系统中,一般打开一个文档就能同时打开相应的应用程序,因为_____。

　　A. 文档就是应用程序　　　　　　B. 必须通过这个方法来打开应用程序

　　C. 文档与应用程序进行了关联　　D. 文档是应用程序的附属

52. 要在不同驱动器间移动文件夹,需在鼠标选中并拖曳至目标位置的同时按下_____键。

　　A. [Ctrl]　　　　　　　　　　　B. [Alt]

　　C. [Shift]　　　　　　　　　　D. [Caps Lock]

53. 要删除文件夹,可以在鼠标选定后按_____键。

　　A. [Ctrl]　　　　　　　　　　　B. [Delete]

C. [Insert] D. [Home]

54. 要永久删除一个文件,可以在鼠标选定后按_____快捷键。

　　A. [Ctrl+End] B. [Ctrl+Delete]

　　C. [Shift+Delete] D. [Alt+Delete]

55. 要搜索 salary1.txt,salary2.doc 和 salary3.xls 这3个文件,可使用带通配符的文件名为_____。

　　A. salary?.* B. salary?

　　C. *salary D. salary*.?

56. 一般桌面操作系统提供的搜索功能中不包含_____搜索功能。

　　A. 按文件名 B. 按文件类型

　　C. 按文件作者 D. 按修改时间

57. 麒麟桌面操作系统的特点包括_____。

　　A. 图形界面 B. 多任务

　　C. 即插即用 D. 以上都对

58. 在一般桌面操作系统中,按[Print Screen]键,可使整个桌面显示的内容_____。

　　A. 打印到打印纸上 B. 打印到指定文件

　　C. 复制到指定文件 D. 复制到剪贴板

59. 对快捷方式理解正确的是_____。

　　A. 删除快捷方式等于删除文件

　　B. 创建快捷方式可以减少打开文件夹、找文件夹的麻烦

　　C. 快捷方式不能被删除

　　D. 打印机不可建立快捷方式

60. 要隐藏任务栏,可以在_____中进行相关设置。

　　A. 文字编辑软件 B. "文件资源管理器"

　　C. "控制面板" D. "此电脑"

61. 要设置桌面壁纸,我们可以在"控制面板"的_____中进行设置。

　　A. "系统和安全" B. "硬件和声音"

　　C. "程序" D. "外观"

62. 在窗口中,选中末尾带有省略号(…)的菜单则_____。

　　A. 将弹出下一级菜单 B. 将执行该菜单命令

　　C. 表明该菜单项已被选中 D. 将弹出一个对话框

63. 要删除一个文件或文件夹,下列操作中错误的是_____。

　　A. 选定要删除的文件或文件夹,选择"组织"→"删除"命令

B. 选定要删除的文件或文件夹,在右键快捷菜单中选择"删除"命令

C. 选定要删除的文件或文件夹,直接按键盘上的[Delete]键

D. 直接将文件或文件夹拖曳至回收站里

64. 按_____快捷键能弹出"任务管理器"。

  A. [Ctrl+Alt]   B. [Alt+Delete]

  C. [Ctrl+Delete]   D. [Ctrl+Alt+Delete]

65. 只有_____才能激活来宾账户。

  A. 管理员   B. 受限用户

  C. 高级用户   D. 来宾

66. 在默认环境下,不能实现文件搜索的操作是_____。

  A. 打开"此电脑",在窗口右上方的搜索栏中搜索

  B. 在"文件资源管理器"窗口的搜索栏中搜索

  C. 单击"搜索"按钮,然后在最下方的搜索栏中搜索

  D. 右击桌面,然后在弹出的快捷菜单中选择"搜索"命令

67. 若进行了多次剪切或复制操作,则剪贴板中的内容是_____。

  A. 第一次剪切或复制的内容   B. 最后一次剪切或复制的内容

  C. 所有剪切或复制的内容   D. 什么都没有

68. 能正常退出桌面操作系统的操作是_____。

  A. 在任何时刻直接关掉计算机的电源

  B. 单击"开始"菜单中的"关机"按钮,并进行人机对话

  C. 在没有运行任何应用程序的情况下关掉计算机的电源

  D. 在没有运行任何应用程序的情况下按[Ctrl+Alt+Delete]快捷键

69. 窗口的最上方为"标题栏",将鼠标光标指向该处,在窗口不是最大化情况下,"拖放"标题栏,则可以_____。

  A. 变动窗口上缘,从而改变窗口大小   B. 移动该窗口

  C. 放大窗口   D. 缩小该窗口

70. 剪贴板是用来传递信息的临时存储区,此存储区是_____。

  A. 回收站的一部分   B. 硬盘的一部分

  C. 内存的一部分   D. 软盘的一部分

71. "文件资源管理器"的管理对象是_____。

  A. 文件和文件夹   B. 目录和系统

  C. 目录和磁盘   D. 系统文件

72. 下列关于快捷菜单的描述中,不正确的是_____。

A. 快捷菜单可以显示与某一对象相关的命令菜单

B. 选定需要操作的对象,单击,屏幕上就会弹出快捷菜单

C. 选定需要操作的对象,右击,屏幕上就会弹出快捷菜单

D. 按[Esc]键或单击桌面或窗口上的任一空白区域,都可以退出快捷菜单

73. 桌面操作系统中可对文件和文件夹进行管理的工具是_____。

　　A. "文件资源管理器"　　　　　　　B. "网络"

　　C. "Internet Explorer"　　　　　　　D. "回收站"

74. 下列操作中不能关闭窗口的是_____。

　　A. 双击控制菜单按钮

　　B. 按[Esc]键

　　C. 单击窗口右上角的标有叉形的按钮

　　D. 选择控制菜单栏中的"关闭"命令

75. 在桌面操作系统环境下,通常将整个显示屏称为_____。

　　A. 窗口　　　　　　　　　　　　　B. 桌面

　　C. 对话框　　　　　　　　　　　　D. "文件资源管理器"

76. 当一个窗口已经最大化时,下列叙述中错误的是_____。

　　A. 该窗口可以被关闭　　　　　　　B. 该窗口可以移动

　　C. 该窗口可以最小化　　　　　　　D. 该窗口可以还原

77. 将运行中的应用程序窗口最小化以后,则应用程序_____。

　　A. 还在继续运行　　　　　　　　　B. 停止运行

　　C. 被删除掉了　　　　　　　　　　D. 出错

78. 为了实现全角与半角之间的切换,应按的快捷键是_____。

　　A. [Shift+Space]　　　　　　　　　B. [Ctrl+Space]

　　C. [Ctrl+Shift]　　　　　　　　　　D. [Ctrl+F13]

79. 默认系统环境中,不能运行应用程序的操作是_____。

　　A. 双击应用程序的快捷方式

　　B. 双击应用程序的图标

　　C. 右击应用程序的图标,在弹出的快捷菜单中选择"打开"命令

　　D. 右击应用程序的图标,然后按[Enter]键

80. 对话框外形和窗口差不多,_____。

　　A. 也有菜单栏　　　　　　　　　　B. 也有标题栏

　　C. 也有"最大化"和"最小化"按钮　　D. 也允许用户改变其大小

81. 在"文件资源管理器"中,选定多个不连续文件的方法是_____。

A. 单击第一个文件,然后按住[Shift]键同时单击要选的其他文件

B. 单击第一个文件,然后按住[Ctrl]键同时单击要选的其他文件

C. 单击第一个文件,然后按住[Tab]键同时单击要选的其他文件

D. 单击第一个文件,然后按住[Alt]键同时单击要选的其他文件

82. 在"文件资源管理器"窗口右边,若已单击了第一个文件,再按住[Ctrl]键,并单击第五个文件,则_____。

    A. 有0个文件被选中   B. 有5个文件被选中

    C. 有1个文件被选中   D. 有2个文件被选中

83. 下列文件名中,合法的是_____。

    A. My. PROG   B. A\B\C

    C. TEXT＊. TXT   D. A/S. DOC

84. 在桌面操作系统环境下,若要把整个桌面的图像复制到剪贴板,可以按_____快捷键。

    A. [Print Screen]   B. [Alt＋Print Screen]

    C. [Ctrl＋Print Screen]   D. [Shift＋Print Screen]

85. 在"文件资源管理器"窗口的左窗格中,单击某个文件夹图标左边的加号(＋)后,则_____。

    A. 左窗格显示的该文件夹的下级文件夹消失

    B. 该文件夹的下级文件夹显示在右窗格

    C. 该文件夹的下级文件夹显示在左窗格

    D. 右窗格显示的该文件夹的下级文件夹消失

86. 由汉字输入状态快速进入英文输入状态,可以按_____快捷键。

    A. [Shift＋Space]   B. [Enter＋Space]

    C. [Alt＋Space]   D. [Ctrl＋Space]

87. 要在计算机中已安装的各种输入法之间快速切换,可以按_____快捷键。

    A. [Shift＋Space]   B. [Enter＋Space]

    C. [Alt＋Space]   D. [Ctrl＋ Shift]

88. 在"回收站"中存放的_____。

    A. 只能是硬盘上被删除的文件或文件夹

    B. 只能是软盘上被删除的文件或文件夹

    C. 可以是硬盘或软盘上被删除的文件或文件夹

    D. 可以是所有外存储器中被删除的文件或文件夹

89. 在计算机系统中,通常用文件的扩展名来表示_____。

    A. 文件的内容   B. 文件的版本

C. 文件的类型 D. 文件的建立时间

90. ＿＿＿＿不属于桌面操作系统的应用程序。
    A. "画图" B. "计算器"
    C. "RealPlayer"播放器 D. "写字板"

91. 当某个应用程序不能正常关闭时，可以＿＿＿＿，在出现的窗口中选择"任务管理器"，以结束不响应的应用程序。
    A. 切断计算机主机电源 B. 按［Alt＋Ctrl＋Delete］快捷键
    C. 按［Alt＋F4］快捷键 D. 按［Reset］键

92. 剪贴板操作不包括＿＿＿＿。
    A. 删除 B. 剪切
    C. 复制 D. 粘贴

93. 关于快捷方式，不正确的描述为＿＿＿＿。
    A. 删除快捷方式后，它所启动的程序或文件也被删除
    B. 可以在桌面上建立
    C. 可以在文件夹中建立
    D. 可以在"开始"菜单中建立

94. 选定硬盘上的文件或文件夹后，不将文件或文件夹放到"回收站"中，而直接彻底删除的操作是＿＿＿＿。
    A. 按［Delete］键
    B. 用鼠标直接将文件或文件夹拖放到"回收站"中
    C. 按［Shift＋Delete］快捷键
    D. 在"文件资源管理器"窗口中选定要删除的文件或文件夹，选择"组织"→"删除"命令

95. ＿＿＿＿代表来宾账户。
    A. User B. Guest
    C. Administrator D. VIP

96. 若想将某软件中的图形或文字（如"记事本""画图"等）放到剪贴板中，则可＿＿＿＿。
    A. 用复制和剪切功能
    B. 先选定这些图形和文字，再用复制或剪切功能
    C. 用粘贴功能
    D. 选定图形和文字后用粘贴功能

97. 若想将整个屏幕画面放到"画图"中去编辑，则可使用的操作为＿＿＿＿。
    A. 先选定屏幕，用"复制"命令把屏幕移入剪贴板，再打开"画图"，把光标移动到插入处，选择"粘贴"命令
    B. 先选定屏幕，用"剪切"命令把屏幕移入剪贴板，再打开"画图"，把光标移动到插入处，

选择"粘贴"命令

C. 先按下[Print Screen]键,将屏幕上的图形移入剪贴板,再打开"画图",把光标移动到插入处,选择"粘贴"命令

D. 以上都不是

98. 在桌面操作系统中,若想对图形进行裁减和修改,则可在_____应用程序中进行。

A. "记事本"   B. "Word"

C. "画图"   D. "剪贴板"

99. 在一般桌面操作系统中,使用_____快捷键,可循环切换输入方式。

A. [Ctrl+Shift]   B. [Ctrl+Space]

C. [Shift+Space]   D. [Ctrl+Enter]

二、简述题

1. 操作系统的作用可表现为哪几个方面?
2. 简述操作系统的基本特征。
3. 处理器管理的主要功能是什么?
4. 存储管理的主要任务是什么?
5. 设备管理的主要功能是什么?
6. 什么是文件系统?文件管理的主要任务是什么?
7. 简述窗口的基本组成。
8. 打开和关闭窗口有哪几种方法?
9. 回收站的功能是什么?
10. 简述任务栏的组成及功能。
11. 在文件管理和文件搜索中,"*"和"?"有什么特殊作用?举例说明如何使用这两个特殊符号。
12. 如果需要保存文件名和扩展名完全相同的两个文件,怎样操作才能满足要求?
13. "在桌面上不能创建文件夹和文件"的说法对吗?为什么?
14. 在"文件资源管理器"窗口中,如何选择连续的和不连续的文件?
15. 什么是"剪贴板"?举例说明在哪些操作中使用剪贴板。
16. 文件(夹)的复制和移动有什么区别?简述复制文件(夹)和移动文件(夹)的几种方法。说明一种或几种需要复制或移动文件(夹)的理由。
17. 快捷方式的特点是什么?试以名为"常用文件"的文件夹为例,说明如何在桌面上建立其快捷方式。如果将桌面上"常用文件"的快捷方式删除,那么"常用文件"文件夹及其中的文件会如何?反之,如果删除的是"常用文件"文件夹,那么它的快捷方式又会如何?
18. 简述正在使用的桌面操作系统中的账户类型。它们各有什么运行权限?

习题四　办公自动化

选择题

1. 办公自动化是计算机的一项应用,按计算机应用的分类,它属于_____。
   A. 科学计算　　　　　　　　　　B. 辅助设计
   C. 实时控制　　　　　　　　　　D. 信息处理

2. WPS 支持不同文件格式互相转换操作,但不包括_____。
   A. PDF 与 Office 互相转换　　　　B. PDF 与视频互相转换
   C. 图片与 Office 互相转换　　　　D. PDF 与图片互相转换

3. 在 WPS 中可以创建多种类型的 PDF 签名,不支持的是_____。
   A. 语音签名　　　　　　　　　　B. 文字签名
   C. 图片签名　　　　　　　　　　D. 手写签名

4. 下列关于 WPS 云文档的描述中不正确的是_____。
   A. 云文档支持多人实时在线共同编辑
   B. 云文档可以预览和恢复历史版本
   C. 云文档需要通过 WPS Office 客户端进行编辑
   D. 云文档可以通过链接分享给他人

5. 在 WPS 整合窗口模式下,不支持的文档切换方法是_____。
   A. 使用[Alt+Tab]快捷键进行切换
   B. 单击 WPS 标签栏的对应标签进行切换
   C. 使用[Ctrl+Tab]快捷键进行切换
   D. 使用系统任务栏按钮悬停时展开的缩略图进行切换

6. 在 WPS 中,PDF 文件不支持的保护形式是_____。
   A. 文档打开密码　　　　　　　　B. 文档保存密码
   C. 文档编辑密码　　　　　　　　D. 电子证书签名

7. WPS 不支持的操作是_____。
   A. 屏幕录制　　　　　　　　　　B. 图片转文字
   C. PDF 转视频　　　　　　　　　D. PDF 转 Office

8. 在 WPS 中,将 PDF 文件转为文档格式时,不支持的格式为_____。
   A. ".dotx" B. ".doc"
   C. ".rtf" D. ".docx"

9. 下列关于 WPS"远程会议"的叙述中,不正确的是_____。
   A. 会议发起人可以在需要时锁定会议,禁止其他人加入会议
   B. 会议发起人可以将他人移出会议
   C. 只有会议发起人可以演示文档
   D. 通过二维码方式可以邀请他人加入会议

10. 下列关于 WPS"协同编辑"的叙述中,不正确的是_____。
    A. 多人可以同时编辑同一文档
    B. 只有"协同编辑"的发起人可以查看当前文档的在线协作人员
    C. 参与人可以随时收到更新的消息通知
    D. 参与人可以随时查看文档的协作记录

11. 在 WPS 文字文档中为所选单元格设置斜线表头,最优的操作方法是_____。
    A. 插入线条形状 B. 自定义边框
    C. 绘制斜线表头 D. 拆分单元格

12. 在 WPS 文字文档中编辑一篇摘自互联网的文章,需要删除文档每行后面的所有手动换行符,最优的操作方法是_____。
    A. 在每行的结尾处,逐个手动删除
    B. 按住[Ctrl]键依次选中所有手动换行符后,再按[Delete]键删除
    C. 通过查找和替换功能删除
    D. 通过文字工具删除换行符

13. 在 WPS 文字文档的功能区中,不包含的选项卡是_____。
    A. "审阅" B. "邮件"
    C. "章节" D. "引用"

14. 使用 WPS 文字文档撰写长篇论文时,若要使各章内容自动从新的页面开始,最优的操作方法是_____。
    A. 在每章结尾处连续按[Enter]键使插入点定位到新的页面
    B. 在每章结尾处插入一个分页符
    C. 依次将每章标题的段落格式设为"段前分页"
    D. 将每章标题指定为标题样式,并将样式的段落格式修改为"段前分页"

15. 在 WPS 文字文档中,关于尾注,说法不正确的是_____。
    A. 尾注可以插入到文档的结尾处 B. 尾注可以插入到节的结尾处

C. 尾注可以插入到页脚中 D. 尾注可以转换为脚注

16. 在 WPS 文字文档中,不可以将文档直接输出为_____。

　　A. PDF 文件 B. 图片

　　C. 电子邮件正文 D. 扩展名为 pptx 的文件

17. 在 WPS 文字文档中,针对设置段落间距的操作,下列说法中正确的是_____。

　　A. 一旦设置,即全文生效

　　B. 如果没有选定文字,那么设置无效

　　C. 如果选定了文字,那么设置只对选定文字所在的段落有效

　　D. 一旦设置,不能更改

18. 在 WPS 文字文档中,为了将一部分文本内容移动到另一个位置,首先要进行的操作是_____。

　　A. 光标定位 B. 选定相应内容

　　C. 复制 D. 粘贴

19. 在_____后,剪贴板中的内容会发生变化。

　　A. 关闭了文档窗口 B. 又进行了一次粘贴操作

　　C. 又进行了新的复制操作 D. 又打开了新的文档

20. 段落标记可通过按_____键产生。

　　A. [Esc] B. [Insert]

　　C. [Enter] D. [Shift]

21. 欲在当前文档中插入一个特殊符号,应在_____选项卡中去寻找。

　　A. "插入" B. "引用"

　　C. "视图" D. "开始"

22. 选定整个文档,使用_____快捷键。

　　A. [Ctrl+A] B. [Ctrl+Shift+A]

　　C. [Shift+A] D. [Alt+A]

23. 将选定的文本从文档的一个位置复制到另一个位置,可按住_____键的同时拖动鼠标。

　　A. [Ctrl] B. [Alt]

　　C. [Shift] D. [Enter]

24. 在 WPS 中,按_____快捷键与功能区的"复制"命令按钮功能相同。

　　A. [Ctrl+C] B. [Ctrl+V]

　　C. [Ctrl+A] D. [Ctrl+S]

25. 在一个文档中,为使页面的页码不同,可以使用插入分隔符中的_____来完成。

　　A. 分页符 B. 分栏符

C. 下一页分节符　　　　　　　　　　D. 连续分节符

26. 在WPS中,若使用了项目符号或编号,则项目符号或编号在_____时会自动出现。

　　A. 按[Enter]键　　　　　　　　　　B. 一行文字输入完毕并按[Enter]键

　　C. 按[Tab]键　　　　　　　　　　　D. 文字输入超过右边界

27. 在WPS中,文档可以多栏并存,_____视图可以看到分栏效果。

　　A. 普通　　　　　　　　　　　　　B. 页面

　　C. 大纲　　　　　　　　　　　　　D. 主控文档

28. 在"打印"设置中,"页数"可以用如下方法设定_____。

　　A. 1、3、5—12　　　　　　　　　　B. 1;3;5—12

　　C. 1,3,5—12　　　　　　　　　　　D. 1,3,5+12

29. 在文档的表格中,对当前单元格左边的所有单元格中的数值求和,应使用_____公式。

　　A. "=SUM(RIGHT)"　　　　　　　　B. "=SUM(BELOW)"

　　C. "=SUM(LEFT)"　　　　　　　　　D. "=SUM(ABOVE)"

30. 在文档的表格中,填入的信息_____。

　　A. 只限于文字形式　　　　　　　　B. 只限于数字形式

　　C. 只能是文字和数字形式　　　　　D. 可以是文字、数字和图形对象等

31. 在文档中,要使文字和图片叠加,应在插入的图片格式中选择_____方式。

　　A. 四周环绕　　　　　　　　　　　B. 紧密环绕

　　C. 无环绕　　　　　　　　　　　　D. 上下环绕

32. 可以在文档中插入多种格式的图片文件,并且可以任意_____。

　　A. 改变纵、横向的比例　　　　　　B. 放大、缩小比例

　　C. 修改图片和在文档中直接绘图　　D. 以上都可以实现

33. 要使文字能够环绕图形编辑,应选择的文字环绕方式是_____。

　　A. 紧密型　　　　　　　　　　　　B. 四周型

　　C. 无　　　　　　　　　　　　　　D. 穿越型

34. 在文档中,图片可以以多种环绕形式与文本混排,_____不是它提供的环绕方式。

　　A. 四周型　　　　　　　　　　　　B. 穿越型

　　C. 上下型　　　　　　　　　　　　D. 左右型

35. 在编写论文时,经常要采用自动生成目录,一般常在第一页插入一空白页,专门用来放置目录,插入空白页最快捷的方法是_____。

　　A. 选择"视图"选项卡中的"新建窗口"命令

　　B. 选择"文件"→"新建"→"空白文档"命令

　　C. 选择"插入"选项卡中的"空白页"命令

D. 在编辑状态下不断按[Enter]键

36. 在"字数统计"中,用户不能得到的信息是_____。

    A. 文件的长度   B. 文档的页数

    C. 文档的段落数   D. 文档的字数

37. 在文档中,节是一个重要的概念,下列关于节的叙述中不正确的是_____。

    A. 默认整篇文档为一个节

    B. 可以对一篇文档设定多个节

    C. 可以对不同的节设定不同的页码

    D. 删除节的页码用[End]键

38. 电子表格广泛应用于_____。

    A. 工业设计、机械制造、建筑工程

    B. 美术设计、装潢、图片制作

    C. 统计分析、财务管理分析、经济管理

    D. 多媒体制作

39. _____是电子表格的基本存储单位。

    A. 幻灯片   B. 单元格

    C. 工作表   D. 工作簿

40. 在WPS表格中,第7行第5列的单元格表示为_____。

    A. F7   B. E7

    C. R7C5   D. R5C7

41. 在WPS表格中,A1:B2代表单元格_____。

    A. A1,B1,B2   B. A1,A2,B2

    C. A1,A2,B1,B2   D. A1,B2

42. 在WPS表格中,_____是C7,E7,D6:D8所表示的单元格。

    A. D7   B. D6

    C. C7   D. C7,D7,E7,D6,D8

43. 在WPS表格中,每个单元格都有唯一的编号(称为地址),地址的使用方法是_____。

    A. 字母+数字   B. 列标+行号

    C. 数字+字母   D. 行号+列标

44. 在WPS表格中,当可以进行智能填充时,鼠标的形状为_____。

    A. 空心粗十字   B. 向左上方箭头

    C. 向右上方箭头   D. 实心细十字

45. 在WPS表格中,编辑栏中的名称框显示的是_____。

A. 单元格的地址 B. 当前单元格的地址

C. 当前单元格的内容 D. 单元格的内容

46. 在 WPS 表格中,表格边框线的线型可以是_____。

A. 点画线 B. 细实线

C. 虚线 D. 都可以

47. 在 WPS 表格中,单元格可以接收_____数据。

A. 时间 B. 文本

C. 日期 D. 以上都可以

48. 在 WPS 工作表中输入了大量数据后,若要在该工作表中选择一个连续且较大范围的特定数据区域,最快捷的方法是_____。

A. 选中该数据区域的某一个单元格,然后按[Ctrl+A]快捷键

B. 单击该数据区域的第一个单元格,按住[Shift]键不放再单击该区域的最后一个单元格

C. 单击该数据区域的第一个单元格,按[Ctrl+Shift+End]快捷键

D. 直接在数据区域中拖曳光标完成选择

49. 在 WPS 表格中对产品销售情况进行分析,需要选择不连续的数据区域作为创建分析图表的数据源,最优的操作方法是_____。

A. 直接拖曳光标选择相关的数据区域

B. 按住[Ctrl]键不放,拖曳光标依次选择相关的数据区域

C. 按住[Shift]键不放,拖曳光标依次选择相关的数据区域

D. 在名称框中分别输入单元格区域地址,中间用西文半角逗号分隔

50. 在 WPS 表格中,公司的"报价单"工作表使用公式引用了商业数据,发送给客户时仅需要呈现计算结果而不保留公式细节,下列不正确的做法是_____。

A. 右击工作表标签,选择快捷菜单中的"移动或复制工作表"命令,将"报价单"工作表复制到一个新的文件中

B. 将"报价单"工作表输出为 PDF 文件

C. 复制原文件中的计算结果,以"粘贴为数值"的方式,把结果粘贴到空白工作表中

D. 将"报价单"工作表输出为图片

51. 希望对 WPS 工作表的 D,E,F 这 3 列设置相同的格式,同时选中这 3 列最快捷的操作方法是_____。

A. 直接在 D,E,F 列的列标上拖曳光标完成选择

B. 在名称框中输入地址"D:F",按[Enter]键完成选择

C. 在名称框中输入地址"D,E,F",按[Enter]键完成选择

D. 按住[Ctrl]键不放,依次单击 D,E,F 列的列标

52. 在 WPS 表格中,如果工作表的某单元格中有公式"=销售情况!A5",那么其中的"销售情况"是_____。

   A. 工作簿名称　　　　　　　　　　B. 工作表名称

   C. 单元格区域名称　　　　　　　　D. 单元格名称

53. 在 WPS 表格中,某单元格公式的计算结果应为一个大于 0 的数,但却显示了错误信息"＃＃＃＃＃"。为了使结果正常显示,且又不影响该单元格的数据内容,应进行的操作是_____。

   A. 使用"复制"命令　　　　　　　　B. 重新输入公式

   C. 加大该单元格所在行的行高　　　D. 加大该单元格所在列的列宽

54. 在 WPS 表格编制的员工工资表中,若希望选中所有应用了计算公式的单元格,最优的操作方法是_____。

   A. 通过"查找和选择"中的查找功能,选择所有公式单元格

   B. 按住[Ctrl]键,逐个选择工作表中的公式单元格

   C. 通过"查找和选择"中的定位条件功能定位到公式

   D. 通过高级筛选功能,筛选出所有包含公式的单元格

55. 若希望每次新建 WPS 表格工作簿时,单元格字号均为 12 磅,最快捷的操作方法是_____。

   A. 将新建工作簿的默认字号设置为 12 磅

   B. 每次创建工作簿后,选中工作表中所有单元格,将字号设置为 12 磅

   C. 每次完成工作簿的数据编辑后,将所有包含数据区域的字号设置为 12 磅

   D. 每次均基于一个单元格字号为 12 磅的 WPS 表格模板,创建新的工作簿

56. 在 WPS 表格中,需要展示公司各部门的销售额占比情况,比较适合的图表是_____。

   A. 柱形图　　　　　　　　　　　　B. 条形图

   C. 饼图　　　　　　　　　　　　　D. 面积图

57. 在 WPS 表格中为一个单元格区域命名的最优操作方法是_____。

   A. 选择单元格区域,在名称框中直接输入名称并按[Enter]键

   B. 选择单元格区域,执行"公式"选项卡中的"指定"命令

   C. 选择单元格区域,执行"公式"选项卡中的"名称管理器"命令

   D. 选择单元格区域,右击,在快捷菜单中执行"定义名称"命令

58. 在 WPS 表格中计算本月员工工资,需要将位于 D 列中的每人基本工资均统一增加 80 元,最优的操作方法是_____。

   A. 在 D 列右侧增加一列,通过类似公式"=D2+80"计算出新工资,然后复制到 D 列中

   B. 直接在 D 列中依次输入增加后的新工资额

C. 通过选择性粘贴功能将"80"加到 D 列中

D. 直接在 D 列中依次输入公式"＝原数＋80"计算出新工资

59. 在 WPS 表格的 A1 单元格中插入系统当前日期的最快捷的操作方法是_____。

   A. 查询系统当前日期,然后在 A1 单元格直接以"年/月/日"的格式输入

   B. 单击 A1 单元格,按[Ctrl＋;]快捷键

   C. 选择"插入"选项卡中的"日期和时间"命令

   D. 单击 A1 单元格,按[Ctrl＋Shift＋;]快捷键

60. 在 WPS 表格某列单元格中,快速填充 2011～2013 年每月最后一天日期最优的操作方法是_____。

   A. 在第一个单元格中输入"2011-1-31",然后使用 MONTH 函数填充其余 35 个单元格

   B. 在第一个单元格中输入"2011-1-31",拖曳填充柄,然后使用智能标记自动填充其余 35 个单元格

   C. 在第一个单元格中输入"2011-1-31",然后使用格式刷直接填充其余 35 个单元格

   D. 在第一个单元格中输入"2011-1-31",然后选择"开始"选项卡中的"填充"命令

61. 在 WPS 表格中,若要在一个单元格输入两行数据,最优的操作方法是_____。

   A. 将单元格设置为"自动换行",并适当调整列宽

   B. 输入第一行数据后,按[Enter]键换行

   C. 输入第一行数据后,按[Shift＋Enter]快捷键换行

   D. 输入第一行数据后,按[Alt＋Enter]快捷键换行

62. 在 WPS 表格中,计算员工本年度的年终奖金,希望与存放在不同工作簿中的前三年的年终奖金发放情况进行比较,最优的操作方法是_____。

   A. 分别打开前三年的年终奖金工作簿,将他们复制到同一个工作表中进行比较

   B. 通过全部重排功能,将四个工作簿平铺在屏幕上进行比较

   C. 通过并排查看功能,分别将今年与前三年的数据两两进行比较

   D. 打开前三年的年终奖金工作簿,需要比较时在每个工作簿窗口之间进行切换查看

63. 在 WPS 表格中,要为工作表添加"第 1 页,共?页"样式的页眉,最快捷的操作方法是_____。

   A. 在页面布局视图中,在页眉区域输入"第 &[页码]页,共 &[总页数]页"

   B. 在页面布局视图中,在页眉区域输入"第[页码]页,共[总页数]页"

   C. 在页面布局视图中,在页眉区域输入"第 & 页码\页,共 & 总页数页"

   D. 在"页面设置"对话框中,为页眉应用"第 1 页,共?页"的预设样式

64. 在 WPS 表格中,对单元格地址绝对引用,正确的方法是_____。

   A. 在单元格地址前加"＄"

B. 在单元格地址后加"$"

C. 在构成单元格地址的字母和数字前分别加"$"

D. 在构成单元格地址的字母和数字间加"$"

65. 在 WPS 表格中，在进行公式复制时_____会发生改变。

   A. 相对地址中的地址偏移量

   B. 相对地址中所引用的单元格地址

   C. 绝对地址中的地址表达式

   D. 绝对地址中所引用的单元格地址

66. 在 WPS 表格中，以下属于单元格地址相对引用的是_____。

   A. A1   B. A1

   C. $A1   D. A$1

67. 在 WPS 表格中，已知 B3 和 B4 单元格中的内容分别为"祖国"和"您好"，要在 B1 中显示"祖国您好"，可在 B1 中输入公式_____。

   A. "=B3+B4"   B. "=B3－B4"

   C. "=B3&B4"   D. "=B3$B4"

68. 在 WPS 表格中，公式以_____开头。

   A. 字母   B. =

   C. 数字   D. 日期

69. 在 WPS 表格中，创建公式的操作步骤有：①在编辑栏输入"="；②输入公式；③按[Enter]键；④选择需要创建公式的单元格，其正确的顺序是_____。

   A. ①②③④   B. ④①③②

   C. ④①②③   D. ④③①②

70. 使用公式或函数的自动填充功能，若想填充公式或函数中引用的单元格地址随着单元格的填充发生行、列地址的相应变化，应该使用_____。

   A. 绝对引用   B. 相对引用

   C. 混合引用   D. 不能引用

71. 在 WPS 表格中，要求 A1，A2，A3 单元格中数据的平均值，并在 B1 单元格中显示出来，下列公式中不正确的是_____。

   A. "=(A1+A2+A3)/3"   B. "=SUM(A1:A3)/3"

   C. "=AVERAGE(A1:A3)"   D. "=AVERAGE(A1:A2:A3)"

72. 在 WPS 表格中，下列关于函数的说法中，不正确的是_____。

   A. 参数可以代表数值或单元格区域

   B. 函数名和左括号之间允许有空格

C. 相邻两个参数之间用逗号隔开

D. 在函数名中，英文大小写字母的效果不相同

73. 在 WPS 表格中，_____是函数 MIN(4,8,FALSE)的执行结果。

    A. 0 　　　　　　　　　　　　　B. 4

    C. 8 　　　　　　　　　　　　　D. −1

74. 在 WPS 表格中，下列函数的返回值为 8 的是_____。

    A. SUM("4",3,TRUE) 　　　　　　B. MAX(9,8,TRUE)

    C. AVERAGE(8,TRUE,18,6) 　　　D. MIN(FALSE,8,−9)

75. 在 WPS 的数据操作中，统计个数的函数是_____。

    A. COUNT 　　　　　　　　　　　B. SUM

    C. AVERAGE 　　　　　　　　　　D. TOTAL

76. 在 WPS 表格中，若在 A1 单元格中输入"＝SUM(8,7,8,7)"，则其值为_____。

    A. 15 　　　　　　　　　　　　　B. 30

    C. 7 　　　　　　　　　　　　　D. 8

77. 在 WPS 表格中，公式"＝SUM(B3:E8)"的含义是_____。

    A. 3 行 B 列至 8 行 E 列范围内的 24 个单元格内容相加

    B. B3 单元格与 E8 单元格内容相加

    C. B 行 3 列至 E 行 8 列范围内的 24 个单元格内容相加

    D. 3 行 B 列与 8 行 E 列的单元格内容相加

78. 下列说法中正确的是_____。

    A. 图表既可以嵌入工作表，也可以单独占据一个工作表

    B. 当工作表数据改变时，图表不能自动更新

    C. 当图表数据改变时，工作表数据不能自动更新

    D. 图表标题不能编辑

79. 在 WPS 表格中，图表建立好以后，可以通过鼠标_____。

    A. 添加图表向导以外的内容

    B. 改变图表的类型

    C. 调整图表的大小和位置

    D. 改变行标题和列标题

80. 在 WPS 表格中，下列说法中正确的是_____。

    A. 图表大小不能缩放 　　　　　　B. 图表中图例的位置只能位于图的底部

    C. 图例可以不显示 　　　　　　　D. 图表的位置不可以移动

81. 关于 WPS，下列说法中不正确的是_____。

A. 当需要利用复杂的条件筛选数据清单时可以使用高级筛选功能

B. 使用高级筛选功能之前必须为之指定一个条件区域

C. 筛选的条件可以自定义

D. 在"筛选"命令执行之后,筛选结果一定和原数据清单一起显示在屏幕上

82. 在WPS表格中,对数据进行分类汇总的统计操作不可以是_____。

  A. 求乘积   B. 求标准偏差

  C. 求最小值   D. 筛选

83. 在WPS表格中,排序关键字的类型可以是_____类型。

  A. 日期   B. 文字

  C. 数值   D. 以上都可以

84. 在WPS表格中,下列关于分类汇总的说法中,不正确的是_____。

  A. 分类汇总的关键字只能是一个字段

  B. 分类汇总前数据必须按关键字字段排序

  C. 分类汇总不能删除

  D. 汇总方式只有求和

85. 在WPS演示文稿中,关于幻灯片浏览视图的用途,下列说法中正确的是_____。

  A. 对幻灯片的内容进行编辑修改及格式调整

  B. 对所有幻灯片进行整理编排或顺序调整

  C. 对幻灯片的内容进行动画设计

  D. 观看幻灯片的播放效果

86. 在WPS演示文稿中,不支持插入的对象是_____。

  A. 图片   B. 视频

  C. 音频   D. 书签

87. 在WPS演示文稿中,如果需要对某页幻灯片中的文本框进行编辑、修改,那么需要进入_____。

  A. 普通视图   B. 幻灯片浏览视图

  C. 阅读视图   D. 放映视图

88. 在WPS演示文稿中可以通过分节组织演示文稿中的幻灯片,在幻灯片浏览视图中选中一节中所有幻灯片的最优方法是_____。

  A. 单击节名称

  B. 按住[Ctrl]键不放,依次单击节中的幻灯片

  C. 选择节中的第一张幻灯片,按住[Shift]键不放,再单击节中的最后一张幻灯片

  D. 直接移动鼠标选择节中的所有幻灯片

89. 在WPS演示文稿中,可以通过多种方法创建一张新幻灯片,下列操作方法不正确的是

_____。

　　A. 在普通视图的幻灯片缩略图窗格中,定位光标后按[Enter]键

　　B. 在普通视图的幻灯片缩略图窗格中右击,从快捷菜单中选择"新建幻灯片"命令

　　C. 在普通视图的幻灯片缩略图窗格中定位光标,选择"开始"选项卡中的"新建幻灯片"命令

　　D. 在普通视图的幻灯片缩略图窗格中定位光标,选择"插入"选项卡中的"新建幻灯片"命令

90. 在WPS演示文稿的普通视图中编辑幻灯片时,需要将文本框中的文本级别由第二级调整为第三级,最优的操作方法是_____。

　　A. 在文本最右边添加空格形成缩进效果

　　B. 当光标位于文本最右边时按[Tab]键

　　C. 在段落格式中设置文本之前缩进距离

　　D. 当光标位于文本中时,选择"开始"选项卡中的"增加缩进量"命令

91. 利用WPS演示文稿制作一份考试培训的演示文稿,希望在每张幻灯片中添加包含"样例"文字的水印效果,最优的操作方法是_____。

　　A. 通过"插入"选项卡中的插入水印功能输入文字并设定版式

　　B. 在幻灯片母版中插入包含"样例"二字的文本框,并调整其格式及排列方式

　　C. 将"样例"二字制作成图片,再将该图片作为背景插入并应用到全部幻灯片中

　　D. 在一张幻灯片中插入包含"样例"二字的文本框,然后复制到其他幻灯片

92. 通过WPS演示文稿制作公司宣传片时,在幻灯片母版中添加了公司徽标图片。现在希望放映时暂不显示该徽标图片,最优的操作方法是_____。

　　A. 在幻灯片母版中,插入一个以白色填充的图形框遮盖该图片

　　B. 在幻灯片母版中通过"格式"选项卡中的删除背景功能删除该徽标图片,放映过后再加上

　　C. 选中全部幻灯片,设置隐藏背景图形后再放映

　　D. 在幻灯片母版中,调整该图片的颜色、亮度、对比度等参数直到其变为白色

93. 已经在WPS演示文稿中的标题幻灯片中输入了标题文字,希望将标题文字转换为艺术字,最快捷的操作方法是_____。

　　A. 定位在该幻灯片的空白处,选择"插入"选项卡中的"艺术字"命令并选择一个艺术字样式,然后将原标题文字移动到艺术字文本框中

　　B. 选中标题文本框,在"文本工具"选项卡中选择一个艺术字样式

　　C. 在标题文本框中右击,在快捷菜单中选择"转换为艺术字"命令

　　D. 选中标题文字,选择"插入"选项卡中的"艺术字"命令并选择一个艺术字样式,然后删除原标题文本框

94. 在WPS演示文稿中绘制了一组流程图,希望将这些图形在垂直方向上等距排列,最优的操作方法是_____。

　　A. 用鼠标拖曳这些图形,使其间距相同

B. 显示网络线,依据网络线移动图形的位置使其间距相同

C. 全部选中这些图形,设置"纵向分布"对齐方式使其间距相同

D. 在"对象属性"任务窗格中,在"大小与属性"选项卡中设置每个图形的"位置"参数,逐个调整其间距

95. 在制作 WPS 演示文稿时,需要将一个被其他图形完全遮盖的图片删除,最优的操作方法是_____。

   A. 先将上层图形移走,然后选中该图片将其删除

   B. 通过按[Tab]键,选中该图片后将其删除

   C. 打开"选择窗格",在对象列表中选择该图片名称后将其删除

   D. 直接在幻灯片中单击选择该图片,然后将其删除

96. 在 WPS 演示文稿中绘制了一个包含多个图形的流程图,希望该流程图中的所有图形可以作为一个整体移动,最优的操作方法是_____。

   A. 选择流程图中的所有图形,通过剪切和粘贴为图片功能将其转换为图片后再移动

   B. 每次移动流程图时,先选中全部图形,再用鼠标拖曳即可

   C. 选择流程图中的所有图形,选择"绘图工具"选项卡中的"组合"命令将其组合为一个整体之后再移动

   D. 插入一幅绘图画布,将流程图中所有图形复制到绘图画布中后,再整体移动绘图画布

97. 利用 WPS 演示文稿制作公司宣传文稿,现在需要创建一个公司的组织结构图,最快捷的操作方法是_____。

   A. 直接在幻灯片中绘制形状、输入相关文字、组合成一个组织结构图

   B. 选择"插入"→"对象"命令,激活组织结构图程序并创建组织结构图

   C. 选择"插入"→"智能图形"命令来创建组织结构图。

   D. 选择"插入"→"图表"命令来实现

98. 在利用 WPS 演示文稿制作旅游风景简介演示文稿时插入了大量的图片,为了减小文档体积以便通过邮件方式发送给客户浏览,需要压缩文稿中图片的大小,最优的操作方法是_____。

   A. 直接利用压缩软件来压缩演示文稿的大小

   B. 先在图像处理软件中调整每个图片的大小,再重新替换到演示文稿中

   C. 在 WPS 演示文稿中通过调整缩放比例、剪裁图片等操作来减小每张图片的大小

   D. 通过 WPS 演示文稿提供的压缩图片功能来压缩演示文稿中图片的大小

99. 在 WPS 演示文稿中,要将某张幻灯片中的 3 张图片设置为到幻灯片上边缘的距离相等,最快捷的操作方法是_____。

   A. 分别设置每张图片的位置,使其到幻灯片上边缘的距离相等

   B. 同时选中 3 张图片,并将它们设置为顶端对齐

C. 同时选中 3 张图片,并将它们设置为上下居中

D. 利用形状对齐智能向导,直接使用鼠标进行拖曳

100. WPS 演示文稿的首张幻灯片为标题版式幻灯片,要从第二张幻灯片开始插入编号,并使编号值从 1 开始,最优的方法是_____。

A. 插入幻灯片编号,并勾选"标题幻灯片中不显示"复选框

B. 从第二张幻灯片开始,依次插入文本框,并在其中输入正确的幻灯片编号值

C. 首先在"页面设置"对话框中,将幻灯片编号的起始值设置为 0,然后插入幻灯片编号,并勾选"标题幻灯片中不显示"复选框

D. 首先在"页面设置"对话框中,将幻灯片编号的起始值设置为 0,然后插入幻灯片编号

习题五　程序设计基础

一、选择题

1. 关于计算机程序,下列说法中正确的是_____。
   A. 计算机程序是指用计算机语言来描述某一问题的解决步骤
   B. 计算机程序是一组有序指令的集合
   C. 计算机程序是符合一定语法规则的符号序列
   D. 以上都对

2. 程序的运行模式都遵循着一个统一的 IPO 规则,下列不属于 IPO 的是_____。
   A. Input　　　　　　　　　　　　B. Process
   C. In　　　　　　　　　　　　　　D. Output

3. 数据结构通常是研究数据的_____及它们之间的相互联系。
   A. 存储和逻辑结构　　　　　　　　B. 存储和抽象
   C. 顺序存储结构　　　　　　　　　D. 理想和逻辑

4. 在计算机存储器内表示时,物理地址与逻辑地址相同并且是连续的,这种结构称为_____。
   A. 存储结构　　　　　　　　　　　B. 逻辑结构
   C. 顺序存储结构　　　　　　　　　D. 链式存储结构

5. 线性表若采用链式存储结构,则应要求内存中可用存储单元的地址_____。
   A. 必须是连续的　　　　　　　　　B. 部分必须是连续的
   C. 一定是不连续的　　　　　　　　D. 可以连续或不连续

6. 当在一个长度为 n 的顺序表的第 i 个元素($1 \leqslant i \leqslant n+1$)之前插入一个新元素时,需要向后移动_____个元素。
   A. $n-i$　　　　　　　　　　　　B. $n-i+1$
   C. $n-i-1$　　　　　　　　　　　D. i

7. 在栈中存取数据的原则是_____。
   A. 先进先出　　　　　　　　　　　B. 后进先出
   C. 后进后出　　　　　　　　　　　D. 随意进出

8. 在队列中存取数据的原则是_____。

A. 先进先出   B. 后进先出

C. 先进后出   D. 随意进出

9. 树最适合用来表示_____。

    A. 有序数据元素   B. 无序数据元素

    C. 元素之间具有分支层次关系的数据   D. 元素之间无联系的数据

10. 一组记录的排序码为(45,72,58,26,37,85),则利用快速排序的方法,以第一个记录为基准得到的一次划分结果为_____。

    A. 26,37,45,58,72,85   B. 37,26,45,72,58,85

    C. 37,26,45,58,72,85   D. 37,26,45,85,58,72

11. 从未排序序列中依次取出元素与已排序序列(初始时为空)中的元素进行比较,将其放入已排序序列的正确位置上的方法,称为_____。

    A. 希尔排序   B. 起泡排序

    C. 插入排序   D. 选择排序

12. 以下数据构造中不属于线性数据构造的是_____。

    A. 行列   B. 线性表

    C. 二叉树   D. 栈

13. 在一棵二叉树上第5层的结点数最多为_____。

    A. 8   B. 16

    C. 32   D. 15

14. 下列说法中正确的是_____。

    A. 线性表是线性结构   B. 栈与队列是非线性结构

    C. 线性链表是非线性结构   D. 二叉树是线性结构

15. 下列关于栈的说法中正确的是_____。

    A. 在栈中只能插入数据   B. 在栈中只能删除数据

    C. 栈是先进先出的线性表   D. 栈是先进后出的线性表

16. 数据的存储结构是指_____。

    A. 存储在外存中的数据

    B. 数据所占的存储空间量

    C. 数据在计算机中的顺序存储方式

    D. 数据的逻辑结构在计算机中的表示

17. 下列说法中正确的是_____。

    A. 栈是"先进先出"的线性表

    B. 队列是"先进后出"的线性表

C. 循环队列是非线性结构

D. 有序线性表既可以采用顺序存储结构,也可以采用链式存储结构

18. 下列数据结构中,属于非线性结构的是_____。

    A. 循环队列   B. 带链队列

    C. 有向图   D. 带链栈

19. 下列说法中正确的是_____。

    A. 顺序存储结构的存储一定是连续的,链式存储结构的存储空间不一定是连续的

    B. 顺序存储结构只针对线性结构,链式存储结构只针对非线性结构

    C. 顺序存储结构能存储有序表,链式存储结构不能存储有序表

    D. 链式存储结构比顺序存储结构节省存储空间

20. 下列关于栈的说法中正确的是_____。

    A. 栈按"先进先出"组织数据   B. 栈按"先进后出"组织数据

    C. 只能在栈底插入数据   D. 不能删除数据

21. 栈和队列的共同特点是_____。

    A. 都是先进先出   B. 都是先进后出

    C. 都只允许在端点处插入和删除元素 D. 没有共同点

22. 已知一棵二叉树的后序遍历序列是 dabec,中序遍历序列是 debac,它的前序遍历序列是 _____。

    A. acbed   B. decab

    C. deabc   D. cedba

23. 链表不具有的特点是_____。

    A. 不必事先估计存储空间   B. 可随机访问任一元素

    C. 插入、删除不需要移动元素   D. 所需空间与线性表长度成正比

24. 已知一棵二叉树的前序遍历序列是 ABDEGCFH,中序遍历序列是 DBGEACHF,它的后序遍历序列是_____。

    A. GEDHFBCA   B. BCADEFGH

    C. ACBFEDHG   D. DGEBHFCA

25. 树是结点的集合,它的根结点数目是_____。

    A. 有且只有1个   B. 1或多于1个

    C. 0或1个   D. 至少2个

26. 若进栈序列为 e1,e2,e3,e4,则可能的出栈序列是_____。

    A. e3,e1,e4,e2   B. e2,e4,e3,e1

    C. e3,e4,e1,e2   D. 任意顺序

27. 用链表表示线性表的优点是_____。

   A. 便于随机存取　　　　　　　　　B. 花费的存储空间较顺序存储少

   C. 便于插入和删除操作　　　　　　D. 数据元素的物理顺序与逻辑顺序相同

28. 数据结构中,与所使用的计算机无关的是数据的_____。

   A. 存储结构　　　　　　　　　　　B. 物理结构

   C. 逻辑结构　　　　　　　　　　　D. 物理和存储结构

29. 关于线性表 L=(a1,a2,a3,…,ai,…,an),下列说法中正确的是_____。

   A. 每个元素都有一个直接前驱和直接后继

   B. 线性表中至少要有一个元素

   C. 表中各元素的排列顺序必须是由小到大或由大到小的

   D. 除第一个元素和最后一个元素外,其余每个元素都有一个且只有一个直接前驱和直接后继

30. 在单链表中,增加头结点的目的是_____。

   A. 方便运算的实现

   B. 使单链表至少有一个结点

   C. 标识表结点中首结点的位置

   D. 说明单链表是线性表的链式存储实现

31. 下列说法中正确的是_____。

   A. 算法的效率与数据的存储结构无关

   B. 算法的空间复杂度是指算法程序中指令(或语句)的条数

   C. 算法的有穷性是指算法一定能在执行有限个步骤以后停止

   D. 以上说法都不正确

32. 算法的时间复杂度是指_____。

   A. 执行算法程序所需要的时间

   B. 算法程序的长度

   C. 算法执行过程中所需要的基本运算次数

   D. 算法程序中的指令条数

33. 算法的空间复杂度是指_____。

   A. 算法程序的长度

   B. 算法程序中的指令条数

   C. 算法程序所占的储存空间

   D. 算法执行过程中所需要的储存空间

34. 在计算机中,算法是指_____。

   A. 查询方法　　　　　　　　　　　B. 加工方法

   C. 解题方案的准确而完整的描述　　D. 排序方法

35. 下列说法中正确的是_____。

   A. 算法的效率只与问题的规模有关,而与数据的存储结构无关

   B. 算法的时间复杂度是指执行算法所需要的计算工作量

   C. 数据的逻辑结构与存储结构是一一对应的

   D. 算法的时间复杂度与空间复杂度一定相关

36. 算法的有穷性是指_____。

   A. 算法程序的运行时间是有限的

   B. 算法程序所处理的数据量是有限的

   C. 算法程序的长度是有限的

   D. 算法只能被有限的用户使用

37. 下列说法中正确的是_____。

   A. 一个算法的空间复杂度大,则其时间复杂度也必定大

   B. 一个算法的空间复杂度大,则其时间复杂度必定小

   C. 一个算法的时间复杂度大,则其空间复杂度必定小

   D. 以上说法都不正确

38. 算法的计算量的大小称为计算的_____。

   A. 效率　　　　　　　　　　　　　B. 复杂性

   C. 现实性　　　　　　　　　　　　D. 难度

39. _____不是算法所必须具备的特性。

   A. 有穷性　　　　　　　　　　　　B. 确定性

   C. 高效性　　　　　　　　　　　　D. 可行性

40. _____不是描述算法的工具。

   A. 流程图　　　　　　　　　　　　B. 伪代码

   C. 自然语言　　　　　　　　　　　D. 程序语言

41. 二分查找法属于_____。

   A. 回溯法　　　　　　　　　　　　B. 贪婪法

   C. 分治法　　　　　　　　　　　　D. 分支极限法

42. 走迷宫属于_____。

   A. 回溯法　　　　　　　　　　　　B. 贪婪法

   C. 分治法　　　　　　　　　　　　D. 分支极限法

43. 算法分析的目的是_____。

   A. 找出数据结构合理性

   B. 找出算法中输入和输出之间的关系

   C. 分析算法的易懂性和可靠性

   D. 分析算法的效率以求改进

二、填空题

1. 数据结构分为线性结构和非线性结构,带链的队列属于_____。
2. 一个队列的初始状态为空。现将元素 A,B,C,D,E,F 依次入队,再依次退队,则元素退队的顺序为_____。
3. 在栈结构中,允许插入、删除的一端称为_____,另一端称为_____。
4. 在双链表中,每个结点有两个指针域,一个指向_____结点,另一个指向_____结点。
5. 算法的五个特性是_____,_____,_____,_____,_____。
6. 只顾眼前的步骤,而难以顾及全局步骤的算法是_____。

三、编程题

1. 输入圆的半径,输出圆的面积。
2. 输入任意三角形的三边之长分别存入变量 a,b,c 中,然后计算并输出该三角形的面积。
   海伦公式:$p=(a+b+c)/2, S=\text{sqrt}(p(p-a)(p-b)(p-c))$。
3. 输入一个数,输出它的绝对值。
4. 输入 n 的值,输出 $1+2+3+\cdots+n$ 的和。
5. 判断输入的任意自然数 n 是否为素数(素数也叫质数,是指除1和它自身以外不能被任何数整除的数)。
6. 使用 Raptor 图形编程命令画出红色的五角星。

习题六　计算机网络基础知识

选择题

1. 计算机网络的主要目标是_____。
   A. 分布处理
   B. 将多台计算机连接起来
   C. 提高计算机可靠性
   D. 共享软件、硬件和数据资源

2. 一般来说,域名 www.tsinghua.edu.cn 属于_____。
   A. 中国教育界
   B. 中国工商界
   C. 工商界
   D. 网络机构

3. Internet 的地址系统表示方法有_____种。
   A. 1
   B. 2
   C. 3
   D. 4

4. 计算机网络的构成可分为_____、网络软件、网络拓扑结构和传输控制协议。
   A. 体系结构
   B. 传输介质
   C. 通信设备
   D. 网络硬件

5. 计算机网络技术包含的两个主要技术是计算机技术和_____。
   A. 微电子技术
   B. 通信技术
   C. 数据处理技术
   D. 自动化技术

6. 收发电子邮件,首先必须拥有_____。
   A. 电子邮箱
   B. 上网账号
   C. 中文菜单
   D. 个人主页

7. IP 地址由一组_____位的二进制数组成。
   A. 8
   B. 16
   C. 32
   D. 128

8. 计算机网络的突出优点是_____。
   A. 资源共享
   B. 存储容量大
   C. 运算速度快
   D. 运算精度高

9. OSI 参考模型的基本结构分为_____层。
   A. 5
   B. 6

C. 7   D. 8

10. 下列不属于网络拓扑结构形式的是_____。

    A. 分支   B. 环形

    C. 总线   D. 星形

11. 统一资源定位器的英文缩写是_____。

    A. HTTP   B. FTP

    C. Telnet   D. URL

12. 下列传输介质中,抗干扰能力最强的是_____。

    A. 微波   B. 光纤

    C. 双绞线   D. 同轴电缆

13. 每台联网的计算机都必须遵守一些事先约定的规则,这些规则称为_____。

    A. 标准   B. 协议

    C. 公约   D. 地址

14. 局域网的网络硬件主要包括服务器、工作站、网卡和_____。

    A. 网络拓扑结构   B. 网络操作系统

    C. 传输介质   D. 网络协议

15. _____多用于同类局域网之间的互联。

    A. 中继器   B. 网桥

    C. 路由器   D. 网关

16. Internet 上各种网络和各种不同类型的计算机相互通信的基础是_____协议。

    A. TCP/IP   B. SPX/IPX

    C. CSM/CD   D. CGBENT

17. 中国教育和科研计算机网是_____。

    A. CHINANET   B. CSTENT

    C. CERNET   D. CGBNET

18. 从 www.miit.gov.cn 可以看出,它是中国_____的一个站点。

    A. 军事部门   B. 政府部门

    C. 教育部门   D. 工商部门

19. 局域网的网络软件主要包括_____。

    A. 网络传输协议和网络应用软件

    B. 工作站软件和网络数据库管理系统

    C. 网络操作系统、网络数据库管理系统和网络应用软件

    D. 服务器操作系统、网络数据库管理系统和网络应用软件

20. 下列关于 IP 地址的说法中不正确的是_____。

   A. IP 地址在 Internet 上是唯一的

   B. IP 地址由 32 位十进制数组成

   C. IP 地址是 Internet 上主机的数字标识

   D. IP 地址指出了该计算机连接到哪个网络上

21. 下列不属于计算机网络应用的是_____。

   A. 电子邮件的收发   B. 用"写字板"写文章

   C. 用计算机传真软件收发传真   D. 用浏览器浏览网站资源

22. 浏览 Web 网站必须使用浏览器，目前常用的浏览器是_____。

   A. Hotmail   B. Outlook Express

   C. Inter Exchange   D. Internet Explorer

23. _____是一个局域网与另一个局域网之间建立连接的桥梁。

   A. 中继器   B. 网关

   C. 集成器   D. 网桥

24. 一台家用微型计算机要上 Internet 必须安装_____协议。

   A. TCP/IP   B. IEEE802.2

   C. X.25   D. IPX/SPX

25. 通常一台计算机要接入互联网应安装的设备是_____。

   A. 网络操作系统   B. 调制解调器或网卡

   C. 网络查询工具   D. 游戏卡

26. www.baidu.com 是一个_____网站。

   A. 新闻   B. 搜索

   C. 综合   D. 游戏

27. ChinaNet 是_____的简称。

   A. 中国科技网   B. 中国公用计算机互联网

   C. 中国教育和科研计算机网   D. 中国公众多媒体通信网

28. Internet 上的服务都是基于某一种协议，Web 服务是基于_____协议。

   A. SNMP   B. SMTP

   C. HTTP   D. Telnet

29. 在 Internet 中，使用 FTP 可以传送_____类型的文件。

   A. 文本文件   B. 图形文件

   C. 视频文件   D. 任何类型的文件

30. 超文本的含义是_____。
    A. 该文本有链接到其他文本的链接点
    B. 该文本包含有图像
    C. 该文本包含有声音
    D. 该文本包含有二进制字符

31. IP 的中文含义是_____。
    A. 程序资源   B. 信息协议
    C. 软件资源   D. 文件资源

32. 已知接入 Internet 的计算机用户名为 KSB,而连接的邮件服务器域名为 jju.edu.cn,则相应的 E-mail 地址应为_____。
    A. KSB@jju.edu.cn   B. OKSB.jju.edu.cn
    C. KSB.jju.edu.cn   D. jju.edu.cn.KSB

33. Internet 采用域名地址是因为_____。
    A. 一台主机必须用域名地址标识
    B. IP 地址不便记忆
    C. IP 地址不能唯一标识一台主机
    D. 一台主机必须用 IP 地址和域名地址共同标识

34. WWW 的超链接中定位信息使用的是_____。
    A. 超文本技术   B. 统一资源定位器
    C. 超媒体技术   D. 超文本标识语言

35. 一般情况下,校园网属于_____。
    A. 局域网   B. 广域网
    C. 城域网   D. 全域网

36. IE 是一款浏览器软件,其主要功能之一是浏览_____。
    A. 文本文件   B. 图像文件
    C. 多媒体文件   D. 网页文件

37. 要在 Internet 上实现电子邮件的收发,所有用户都必须连接到_____,它们之间再通过 Internet 相连。
    A. 本地电信局   B. E-mail 服务器
    C. 本地主机   D. 全国 E-mail 服务中心

38. 电子邮件地址格式为 username@hostname,其中 hostname 为_____。
    A. 用户地址名   B. ISP 某台主机的域名
    C. 某公司名   D. 某国家名

39. Internet 是建立在_____协议集上的国际互联网络。

    A. IPX   B. NetBEUI

    C. TCP/IP   D. AppleTalk

40. CERNET 是_____的简称。

    A. 中国科技网   B. 中国公用计算机互联网

    C. 中国教育和科研计算机网   D. 中国公众多媒体通信网

41. 计算机网络按其覆盖的范围,可划分为_____。

    A. 以太网和移动通信网   B. 电路交换网和分组交换网

    C. 局域网、城域网和广域网   D. 星形结构、环形结构和总线结构

42. 下列域名中,表示教育机构的是_____。

    A. www.cww.net.cn   B. scce.ucas.ac.cn

    C. www.ioa.ac.cn   D. www.buaa.edu.cn

43. 统一资源定位器 URL 的格式是_____。

    A. 协议://IP 地址或域名/路径/文件名 B. 协议://路径/文件名

    C. TCP/IP 协议   D. HTTP 协议

44. 下列各项中,非法的 IP 地址是_____。

    A. 126.96.2.6   B. 190.256.38.8

    C. 203.113.7.15   D. 203.226.1.68

45. Internet 在中国被称为因特网或_____。

    A. 网中网   B. 国际互联网

    C. 国际联网   D. 计算机网络系统

46. 电子邮件是 Internet 应用最广泛的服务项目,通常采用的传输协议是_____。

    A. SMTP   B. TCP/IP

    C. CSMA/CD   D. IPX/SPX

47. _____是指连入网络的不同档次、不同型号的微型计算机,它是网络中实际为用户操作的工作平台,它通过插在微型计算机上的网卡和连接电缆与网络服务器相连。

    A. 网络工作站   B. 网络服务器

    C. 传输介质   D. 网络操作系统

48. 当个人计算机以拨号方式接入 Internet 时,必须使用的设备是_____。

    A. 网卡   B. 调制解调器

    C. 电话机   D. 浏览器软件

49. 通过 Internet 发送或接收电子邮件的首要条件是应该有一个电子邮件地址,它的正确形式是_____。

A. 用户名@域名 B. 用户名♯域名
C. 用户名/域名 D. 用户名.域名

50. 目前网络传输介质中,传输速率最高的是_____。
    A. 双绞线 B. 同轴电缆
    C. 光缆 D. 电话线

51. 在下列选项中,不属于 OSI 参考模型 7 个层次的是_____。
    A. 会话层 B. 数据链路层
    C. 应用层 D. 用户层

52. _____是网络的心脏,它提供了网络最基本的核心功能,如网络文件系统、存储器的管理和调度等。
    A. 服务器 B. 工作站
    C. 服务器操作系统 D. 通信协议

53. 计算机网络大体上由两部分组成,分别是通信子网和_____。
    A. 局域网 B. 计算机
    C. 资源子网 D. 数据传输介质

54. 传输速率的单位是 bps,即_____。
    A. 帧/秒 B. 文件/秒
    C. 位/秒 D. 米/秒

55. 在 Internet 主机域名结构中,子域_____代表商业组织结构。
    A. com B. edu
    C. gov D. org

56. 一个局域网的网络硬件主要包括服务器、工作站、网卡和_____等。
    A. 计算机 B. 网络协议
    C. 网络操作系统 D. 传输介质

57. 关于电子邮件,下列说法中错误的是_____。
    A. 发送电子邮件需要 E-mail 软件支持
    B. 发件人必须有自己的 E-mail 账号
    C. 收件人必须有自己的邮政编码
    D. 发件人必须知道收件人的 E-mail 地址

58. 邮件中插入的"链接",下列说法中正确的是_____。
    A. 链接指将约定的设备用线路连通
    B. 链接将指定的文件与当前文件合并
    C. 点击链接就会转向链接指向的地方

D. 链接为发送电子邮件做好准备

59. 下列各项中,不能作为域名的是_____。

   A. www,bit.edu.cn   B. ftp.buaa.edu.cn
   C. www.aaa.edu.cn   D. www.lnu.edu.cn

60. OSI 参考模型的最低层是_____。

   A. 传输层   B. 物理层
   C. 网络层   D. 应用层

61. 下列属于微型计算机网络所特有的设备是_____。

   A. 显示器   B. UPS 电源
   C. 服务器   D. 鼠标

62. 与 Internet 相连的计算机,不管是大型的还是小型的,都称为_____。

   A. 工作站   B. 主机
   C. 服务器   D. 客户机

63. 计算机网络不具备_____功能。

   A. 传送语音   B. 发送邮件
   C. 传送物品   D. 共享信息

64. 在计算机网络中,通常把提供并管理共享资源的计算机称为_____。

   A. 服务器   B. 工作站
   C. 网关   D. 网桥

65. 下列不属于 Internet 基本功能的是_____。

   A. 电子邮件   B. 文件传输
   C. 远程登录   D. 实时监测控制

66. 域名是 ISP 的计算机名,域名中的后缀.gov 表示机构所属类型为_____。

   A. 军事机构   B. 政府机构
   C. 教育机构   D. 商业公司

67. OSI 参考模型的最高层是_____。

   A. 表示层   B. 网络层
   C. 应用层   D. 会话层

68. 接入 Internet 并且支持 FTP 协议的两台计算机,关于它们之间的文件传输,下列说法中正确的是_____。

   A. 只能传输文本文件   B. 不能传输图形文件
   C. 所有文件均能传输   D. 只能传输几种类型的文件

69. OSI 参考模型有 7 个层次,下列层次中最高的是_____。
    A. 表示层   B. 网络层
    C. 会话层   D. 物理层

70. 网卡的主要功能不包括_____。
    A. 将计算机连接到通信介质上   B. 进行电信号匹配
    C. 实现数据传输   D. 网络互联

71. 按_____可将网络划分为广域网、城域网和局域网。
    A. 接入的计算机多少   B. 接入的计算机类型
    C. 拓扑类型   D. 地理范围

72. 目前世界上最大的计算机互联网络是_____。
    A. 阿帕网   B. IBM 网
    C. Internet   D. Intranet

73. OSI 参考模型的分层结构中,会话层属于第_____层。
    A. 1   B. 3
    C. 5   D. 7

74. 下列选项中,合法的 IP 地址是_____。
    A. 210.45.233   B. 202.38.64.4
    C. 101.3.305.77   D. 115,123,20,245

75. 下列选项中,合法的电子邮件地址是_____。
    A. Zhou-em.hxing.com.cn   B. Em.hxing.com,cn-zhou
    C. Em.hxing.com.cn@zhou   D. zhou@em.hxing.com.cn

76. 下列选项中代表远程登录的是_____。
    A. WWW   B. FTP
    C. Gopher   D. Telnet

77. 用户要想在网上查询 WWW 信息,需要安装并运行的软件是_____。
    A. HTTD   B. 百度
    C. 浏览器   D. WWW

78. 下列四项中,不属于互联网的是_____。
    A. CHINANET   B. Novell 网
    C. CERNET   D. Internet

79. 衡量网络上数据传输速率的单位是 bps,其含义是_____。
    A. 信号每秒传输多少公里   B. 信号每秒传输多少字节
    C. 每秒传送多少个二进制位   D. 每秒传送多少个数据

80. 目前,局域网的传输介质(媒体)主要是同轴电缆、双绞线和_____。
    A. 通信卫星   B. 公共数据网
    C. 电话线   D. 光缆

81. 计算机网络术语中,WAN 的中文意义是_____。
    A. 以太网   B. 广域网
    C. 互联网   D. 局域网

82. TCP/IP 是一组_____。
    A. 局域网技术
    B. 广域网技术
    C. 支持同一种计算机(网络)互联的通信协议
    D. 支持异种计算机(网络)互联的通信协议

83. Internet 上主机的域名由_____部分组成。
    A. 3   B. 4
    C. 5   D. 若干(不限)

84. 下列选项中,_____不是 Internet 的顶级域名。
    A. edu   B. www
    C. gov   D. cn

85. 目前在 Internet 上提供的主要应用功能有电子信函(电子邮件)、WWW 浏览、远程登录和_____。
    A. 文件传输   B. 协议转换
    C. 光盘检索   D. 电子图书馆

86. OSI-RM 的中文含义是_____。
    A. 网络通信协议   B. 国家住处基础设施
    C. 开放系统互连参考模型   D. 公共数据通信网

87. 局域网常用的基本拓扑结构有_____、环形和星形。
    A. 层次型   B. 总线型
    C. 交换型   D. 分组型

88. OSI 参考模型的 7 个层次中,最底下的_____层主要通过硬件来实现。
    A. 1   B. 2
    C. 3   D. 4

89. 黑客是指_____的人。
    A. 总在晚上上网   B. 匿名上网
    C. 不花钱上网   D. 私自入侵他人计算机系统

90. 衡量网络上数据传输速率的单位是每秒传送多少个二进制位,记为_____。

A. bps B. OSI
C. Modem D. TCP/IP

91. 一座办公楼内各个办公室中的微型计算机进行联网,这个网络属于_____。
    A. WAN B. LAN
    C. MAN D. GAN

92. Internet 中的 IP 地址由四个字节组成,每个字节之间用_____分开。
    A. "、" B. ","
    C. ";" D. "."

93. 两台计算机利用电话线路传输数据信号时必备的设备是_____。
    A. 网卡 B. 调制解调器
    C. 中继器 D. 同轴电缆

94. 能实现不同的网络层协议转换功能的互联设备是_____。
    A. 集线器 B. 交换机
    C. 路由器 D. 网桥

95. WWW 是 Internet 上的一种_____。
    A. 浏览器 B. 协议
    C. 协议集 D. 服务

96. OSI 参考模型中,处于数据链路层与传输层之间的是_____。
    A. 物理层 B. 网络层
    C. 会话层 D. 表示层

97. OSI 参考模型中,能实现路由选择、拥塞控制与互连功能的层是_____。
    A. 物理层和网络层 B. 数据链路层和传输层
    C. 网络层和表示层 D. 会话层和应用层

98. 下面关于网络域名系统的描述中,不正确的是_____。
    A. 网络域名系统的缩写为 DNS
    B. 每个域名可以由几个域组成,域与域之间用"."分隔
    C. 域名中最左端的域称为顶级域
    D. cn 是常用的顶级域名代码

99. 系统对 WWW 网页默认的存储格式是_____。
    A. PPTX B. TXT
    C. HTML D. DOCX

100. 和通信网络相比,计算机网络最本质的功能是_____。
    A. 数据通信 B. 资源共享
    C. 提高计算机的可靠性 D. 分布式处理

习题七　信息素养

选择题

1. 信息安全的基本属性是_____。
   A. 保密性　　　　　　　　　　　　B. 完整性
   C. 可用性、可控性、可靠性　　　　D. 以上都是

2. 假设使用一种加密算法,它的加密方法很简单,即将每一个字母"加 5"(如 a 加密成 f)。这种算法的密钥就是 5,那么它属于_____。
   A. 对称加密技术　　　　　　　　　B. 分组密码技术
   C. 公钥加密技术　　　　　　　　　D. 单向函数密码技术

3. 密码学的目的是_____。
   A. 研究数据加密　　　　　　　　　B. 研究数据解密
   C. 研究数据保密　　　　　　　　　D. 研究信息安全

4. 身份鉴别是安全服务中的重要环节,下列关于身份鉴别说法中不正确的是_____。
   A. 身份鉴别是授权控制的基础
   B. 身份鉴别一般不需要提供双向的认证
   C. 目前一般采用基于对称密钥加密或公开密钥加密的方法
   D. 数字签名机制是实现身份鉴别的重要机制

5. 防火墙用于将 Internet 和内部网络隔离,是_____。
   A. 防止 Internet 火灾的硬件设施
   B. 网络安全和信息安全的软件和硬件设施
   C. 保护线路不受破坏的软件和硬件设施
   D. 起抗电磁干扰作用的硬件设施

6. 下列关于信息安全管理员职责的说法中,不正确的是_____。
   A. 信息安全管理员应该对网络的总体安全布局进行规划
   B. 信息安全管理员应该对信息系统安全事件进行处理
   C. 信息安全管理员应该负责为用户编写安全应用程序
   D. 信息安全管理员应该对安全设备进行优化配置

7. 下列网络攻击中，_____属于被动攻击。
   A. 拒绝服务攻击　　　　　　　　　　B. 重放
   C. 假冒　　　　　　　　　　　　　　D. 流量分析

8. 面向身份信息的认证应用中，最常用的认证方法是_____。
   A. 基于数据库的认证　　　　　　　　B. 基于摘要算法认证
   C. 基于公钥基础设施认证　　　　　　D. 基于账户名/口令认证

9. 防火墙作为一种被广泛使用的网络安全防御技术，其自身有限制，它不能阻止_____。
   A. 内部威胁和病毒威胁　　　　　　　B. 外部攻击
   C. 外部攻击、外部威胁和病毒威胁　　D. 外部攻击和外部威胁

10. 下列行为中，不属于威胁计算机网络安全的因素是_____。
    A. 操作员安全配置不当而造成的安全漏洞
    B. 在不影响网络正常工作的情况下，进行截获、窃取、破译以获得重要机密信息
    C. 安装非正版软件
    D. 安装蜜罐系统

11. 电子商务系统除了面临一般的信息系统所涉及的安全威胁之外，更容易成为黑客的攻击目标，其安全性需求普遍高于一般的信息系统。电子商务系统中的信息安全需求不包括_____。
    A. 交易的真实性　　　　　　　　　　B. 交易的保密性和完整性
    C. 交易的可撤销性　　　　　　　　　D. 交易的不可抵赖性

12. 下列关于认证技术的说法中，不正确的是_____。
    A. 指纹识别技术的利用可以分为验证和识别
    B. 数字签名是十六进制的字符串
    C. 身份认证是用来对信息系统中试题的合法性进行验证的方法
    D. 消息认证能够确定接收方收到的消息是否被篡改过

13. 有一种原则是对信息进行均衡、全面的防护，提高整个系统的安全性能，该原则称为_____。
    A. 动态化原则　　　　　　　　　　　B. 木桶原则
    C. 等级性原则　　　　　　　　　　　D. 整体原则

14. 下列网络威胁中，_____不属于信息泄露。
    A. 数据窃听　　　　　　　　　　　　B. 流量分析
    C. 偷窃用户账户　　　　　　　　　　D. 暴力破解

15. 未授权的实体得到了数据的访问权，这破坏了安全的_____。
    A. 机密性　　　　　　　　　　　　　B. 完整性

C. 合法性 D. 可用性

16. 下列选项中,不属于生物识别方法的是_____。

   A. 指纹识别 B. 声音识别
   C. 虹膜识别 D. 个人标记号识别

17. 计算机取证是将计算机调查和分析技术应用于提取潜在的、有法律效应的证据。下列关于计算机取证的说法中,不正确的是_____。

   A. 计算机取证包括对以磁介质编码信息方式存储的计算机证据的提取和归档
   B. 计算机取证围绕电子证据进行,电子证据具有高科技性等特点
   C. 计算机取证包括保护目标计算机系统,确定、收集和保存电子证据,必须在计算机启动的状态下进行
   D. 计算机取证是在犯罪进行过程中或之后收集证据

18. 数字水印技术通过在数字化的多媒体数据中嵌入隐蔽的水印标记,可以有效地保护数字多媒体数据的版权。下列选项中不属于数字水印在数字版权保护必须满足的基本应用需求的是_____。

   A. 安全性 B. 隐蔽性
   C. 鲁棒性 D. 可见性

19. 有一种攻击是不断对网络服务系统进行干扰,改变其正常的作业流程,执行无关程序使系统响应减慢甚至瘫痪。这种攻击叫作_____。

   A. 重放攻击 B. 拒绝服务攻击
   C. 反射攻击 D. 服务攻击

20. 依据国家信息系统安全等级保护相关标准,军用不对外公开的信息系统应该属于_____。

   A. 二级及以上 B. 三级及以上
   C. 四级及以上 D. 五级

21. 电子邮件是传播恶意代码的重要途径,为了防止电子邮件中的恶意代码的攻击,可用_____方式阅读电子邮件。

   A. 网页 B. 纯文本
   C. 程序 D. 会话

22. 移动用户有些属性信息需要受到保护,这些信息一旦泄露,会对公众用户的生命财产安全构成威胁。下列选项中,不需要被保护的属性是_____。

   A. 用户身份(ID) B. 用户位置信息
   C. 终端设备信息 D. 公众运营商信息

23. 下列关于数字证书的说法中,不正确的是_____。

   A. 证书通常由 CA 安全认证中心发放

   B. 证书携带持有者的公开密钥

   C. 证书的有效性可以通过验证持有者的签名

   D. 证书通常携带 CA 的公开密钥

24. 甲不但怀疑乙发给他的信息被人篡改,而且怀疑乙的公钥也是被人冒充的。为了消除甲的疑虑,甲和乙决定找一个双方都信任的第三方来签发数字证书,这个第三方为_____。

   A. ITU-T B. NSA
   C. CA   D. ISO

25. 特洛伊木马攻击的威胁类型属于_____。

   A. 授权侵犯威胁 B. 渗入威胁
   C. 植入威胁   D. 旁路控制威胁

26. 信息通过网络进行传输的过程中,存在着被篡改的风险,为了解决这一安全问题,通常采用的安全防护技术是_____。

   A. 加密技术   B. 匿名技术
   C. 消息认证技术 D. 数据备份技术

27. 甲收到一份来自乙的电子订单后,将订单中的货物送达到乙处时,乙否认自己曾经发送过这份订单。为了解决这种纷争,采用的安全技术是_____。

   A. 数字签名技术 B. 数字证书
   C. 消息认证码   D. 身份认证技术

28. 目前使用的杀毒软件的作用是_____。

   A. 检查计算机是否感染病毒,清除已感染的任何病毒

   B. 杜绝病毒对计算机的侵害

   C. 查出已感染的任何病毒,清除部分已感染病毒

   D. 检查计算机是否感染病毒,清除部分已感染病毒

29. 下列报告中,不属于信息安全风险评估识别阶段的是_____。

   A. 资产价值分析报告 B. 风险评估报告
   C. 威胁分析报告   D. 已有安全威胁分析报告

30. 计算机犯罪是指利用信息科学技术且通过计算机跟踪对象的犯罪行为,与其他类型的犯罪相比,具有明显的特征。下列说法中错误的是_____。

   A. 计算机犯罪具有隐蔽性

   B. 计算机犯罪具有高智能性,罪犯可能掌握一些其他高科技手段

C. 计算机犯罪具有很强的破坏性

D. 计算机犯罪没有犯罪现场

31. 下列不属于网络安全控制技术的是_____。

　　A. 防火墙技术　　　　　　　　　　B. 访问控制

　　C. 入侵检测技术　　　　　　　　　D. 差错控制

32. 病毒的引导过程不包含_____。

　　A. 保证计算机或网络系统的原有功能

　　B. 窃取系统部分内存

　　C. 使自身有关代码取代或扩充原有系统功能

　　D. 删除引导扇区

33. 安全备份的策略不包括_____。

　　A. 所有网络基础设施设备的配置和软件

　　B. 所有提供网络服务的服务器配置

　　C. 网络服务

　　D. 定期验证备份文件的正确性和完整性

34. 入侵检测系统放置在防火墙内部的好处是_____。

　　A. 减少对防火墙的攻击　　　　　　B. 降低入侵检测

　　C. 增加对低层次攻击的检测　　　　D. 增加检测能力和检测范围

35. 不属于物理安全威胁的是_____。

　　A. 自然灾害　　　　　　　　　　　B. 物理攻击

　　C. 硬件故障　　　　　　　　　　　D. 系统安全管理人员培训不够

36. 下列关于网络钓鱼的说法中，不正确的是_____。

　　A. 网络钓鱼融合了伪装、欺骗等多种攻击方式

　　B. 网络钓鱼与Web服务没有关系

　　C. 典型的网络钓鱼攻击都将被攻击者引诱到一个通过精心设计的钓鱼网站上

　　D. 网络钓鱼是一种"社会工程攻击"

37. 扫描技术_____。

　　A. 只能作为攻击工具

　　B. 只能作为防御工具

　　C. 只能作为检查系统漏洞的工具

　　D. 既是攻击工具，也是防御工具

38. 下列说法中不正确的是_____。

　　A. 黑客是指黑色的病毒　　　　　　B. 计算机病毒是程序

C. CIH 是一种病毒　　　　　　　　D. 防火墙是一种被动式防卫软件

39. ＿＿＿＿＿＿不属于计算机病毒的特征。

　　A. 传染性、隐蔽性　　　　　　　B. 侵略性、破坏性

　　C. 潜伏性、自灭性　　　　　　　D. 破坏性、传染性

40. 目前常用的保护计算机网络安全的技术措施是＿＿＿＿＿＿。

　　A. 防火墙　　　　　　　　　　　B. 防风墙

　　C. KV3000 杀毒软件　　　　　　D. 使用 Java 程序

41. 计算机病毒的主要危害是＿＿＿＿＿＿。

　　A. 破坏信息，损坏 CPU　　　　　B. 干扰电网，破坏信息

　　C. 占用资源，破坏信息　　　　　D. 更改 cache 芯片中的内容

42. 目前常用的加密方法主要有＿＿＿＿＿＿两种。

　　A. 密钥密码体系和公钥密码体系　B. DES 和密钥密码体系

　　C. RES 和公钥密码体系　　　　　D. 加密密钥和解密密钥

43. 数字签名通常使用＿＿＿＿＿＿方式。

　　A. 公钥密码体系中的公开密钥与 Hash 相结合

　　B. 密钥密码体系

　　C. 公钥密码体系中的私人密钥与 Hash 相结合

　　D. 公钥密码体系中的私人密钥

44. 下列预防计算机病毒的方法无效的是＿＿＿＿＿＿。

　　A. 尽量减少使用计算机

　　B. 不非法复制及使用软件

　　C. 定期用杀毒软件对计算机进行病毒检测

　　D. 禁止使用没有进行病毒检测的 U 盘

45. 电子商务的安全保障问题主要涉及＿＿＿＿＿＿等。

　　A. 加密

　　B. 防火墙是否有效

　　C. 数据被泄露或篡改、冒名发送、未经授权者擅自访问网络

　　D. 身份认证

46. 数字签名的方式是通过第三方权威认证中心在网上认证身份，认证机构通常称为＿＿＿＿＿＿。

　　A. CA　　　　　　　　　　　　　B. SET

　　C. CD　　　　　　　　　　　　　D. DES

47. 下列信息中，_____不是数字证书申请者的信息。
    A. 版本信息　　　　　　　　　　B. 证书序列号
    C. 签名算法　　　　　　　　　　D. 申请者的姓名年龄

48. 数字签名是解决_____问题的方法。
    A. 未经授权擅自访问网络
    B. 数据被泄露或篡改
    C. 冒名发送数据或发送数据后抵赖
    D. 以上三种

49. 使用公钥密码体系，每个用户只需妥善保存_____密钥。
    A. 一个　　　　　　　　　　　　B. N 个
    C. 一对　　　　　　　　　　　　D. N 对

50. 关于计算机病毒，下列说法中正确的是_____。
    A. 计算机病毒可以烧坏计算机的电子器件
    B. 计算机病毒是一种传染力极强的生物细菌
    C. 计算机病毒是一种人为特制的具有破坏性的程序
    D. 计算机病毒一旦产生，便无法清除

51. 计算机病毒不具有_____。
    A. 破坏性　　　　　　　　　　　B. 偶然性
    C. 传染性　　　　　　　　　　　D. 潜伏性

52. 要清除计算机系统已经染上的病毒，一般需要先_____。
    A. 把硬盘中的所有文件删除
    B. 修改计算机的系统时间
    C. 格式化硬盘
    D. 用不带病毒的操作系统重新启动计算机

53. 计算机感染病毒的途径不可能是_____。
    A. 被生病的人操作　　　　　　　B. 从 Internet 上下载文件
    C. 玩网络游戏　　　　　　　　　D. 使用来历不明的文件

54. 若出现_____，则可以判断计算机一定已被病毒感染。
    A. 执行文件的字节数变大
    B. 硬盘不能启动
    C. 安装软件的过程中，提示"内存不足"
    D. 不能正常打印文件

55. 计算机病毒会造成计算机的_____损坏。

    A. 硬件、软件和数据　　　　　　　B. 硬件和软件

    C. 软件和数据　　　　　　　　　　D. 硬件和数据

56. 数字信封技术能够_____。

    A. 对发送者和接收者的身份进行认证

    B. 保证数据在传输过程中的安全性

    C. 防止交易中的抵赖发送

    D. 隐藏发送者的身份

57. 数字签名的作用是_____。

    A. 为了确定发送文件数量的签名

    B. 防止抵赖

    C. 数字签名只是一种发送文件的形式

    D. 表示所签的文件归本人所有

58. 发现计算机病毒后,比较彻底的清除方式是_____。

    A. 用查毒软件处理　　　　　　　　B. 删除磁盘文件

    C. 用杀毒软件处理　　　　　　　　D. 格式化磁盘

59. 计算机病毒通常是_____。

    A. 一个程序　　　　　　　　　　　B. 一个命令

    C. 一个文件　　　　　　　　　　　D. 一个标记

60. 文件型病毒传染的对象主要是_____文件。

    A. DBF　　　　　　　　　　　　　 B. WPS

    C. COM 和 EXE　　　　　　　　　 D. EXE 和 WPS

61. 关于计算机病毒的传播途径,下列说法中不正确的是_____。

    A. 通过软盘复制　　　　　　　　　B. 通过公用软盘

    C. 通过共同存放软盘　　　　　　　D. 通过借用他人的软盘

62. 下列关于加密技术的说法中,不正确的是_____。

    A. 对称密码体制的加密密钥和解密密钥是相同的

    B. 密码分析的目的就是千方百计地寻找密钥或明文

    C. 对称密码体制中加密算法和解密算法是保密的

    D. 所有的密钥都有生存周期

63. 公安部开发的 SCAN 软件是用于计算机的_____。

    A. 病毒检查　　　　　　　　　　　B. 病毒分析与统计

    C. 病毒预防　　　　　　　　　　　D. 病毒示范

64. 防病毒卡能够_____。

　　A. 自动发现病毒入侵的迹象并提醒操作者或及时阻止病毒的入侵

　　B. 杜绝病毒对计算机的侵害

　　C. 自动发现并阻止任何病毒的入侵

　　D. 自动消除已感染的所有病毒

65. 计算机病毒是可以造成机器故障的_____。

　　A. 一种计算机设备　　　　　　　　B. 一块计算机芯片

　　C. 一种计算机部件　　　　　　　　D. 一种计算机程序

66. 计算机病毒的危害性表现在_____。

　　A. 能造成计算机永久性失效

　　B. 影响程序的执行，破坏用户的数据与程序

　　C. 不影响计算机的运行速度

　　D. 不影响计算机的运算结果，无须采取措施

67. 下列有关计算机病毒的说法中正确的是_____。

　　A. 计算机病毒是一个 MIS 程序

　　B. 计算机病毒是对人体有害的传染病

　　C. 计算机病毒是一个能够通过自身复制传染、起破坏作用的计算机程序

　　D. 计算机病毒是一段对计算机无害的程序

68. 计算机病毒主要损坏_____。

　　A. 文字处理和数据库管理软件

　　B. 操作系统和数据库管理系统

　　C. 程序和数据

　　D. 系统软件和应用软件

69. 不易被感染上病毒的文件是_____文件。

　　A. COM　　　　　　　　　　　　　B. EXE

　　C. TXT　　　　　　　　　　　　　D. BOOT

70. 文件被感染上病毒之后，其基本特征是_____。

　　A. 文件不能被执行　　　　　　　　B. 文件长度变短

　　C. 文件长度加长　　　　　　　　　D. 文件照常能执行

71. 计算机机房安全等级分为 A、B、C 三级，其中 C 级的要求是_____。

　　A. 计算机实体能运行

　　B. 计算机设备能安放

　　C. 有计算机操作人员

　　D. 确保系统做一般运行时要求的最低限度安全性、可靠性所应实施的内容

72. 我国颁布的《计算机软件保护条例》经过两次修订,最新的条例从_____开始实施。

　　A. 1986 年 10 月　　　　　　　　　　B. 1990 年 6 月

　　C. 1991 年 10 月　　　　　　　　　　D. 2013 年 3 月

73. 在下列计算机安全防护措施中,_____是最重要的。

　　A. 提高管理水平和技术水平

　　B. 提高硬件设备运行的可靠性

　　C. 预防计算机病毒的传染和传播

　　D. 尽量防止自然因素的损害

74. 计算机犯罪是一个_____问题

　　A. 技术　　　　　　　　　　　　　　B. 法律范畴

　　C. 政治　　　　　　　　　　　　　　D. 经济

75. 下列关于职业道德的说法中,正确的是_____。

　　A. 职业道德与人格高低无关

　　B. 职业道德的养成只能靠社会强制规定

　　C. 职业道德从一个侧面反映人的道德素质

　　D. 职业道德的提高与从业人员的个人利益无关

76. 我国《新时代公民道德建设实施纲要》发布于_____。

　　A. 2016 年　　　　　　　　　　　　　B. 2017 年

　　C. 2018 年　　　　　　　　　　　　　D. 2019 年

77. 职业道德建设的核心是_____。

　　A. 服务群众　　　　　　　　　　　　B. 爱岗敬业

　　C. 办事公道　　　　　　　　　　　　D. 奉献社会

78. 从我国历史和国情出发,职业道德建设要坚持的最根本的原则是_____。

　　A. 人道主义　　　　　　　　　　　　B. 爱国主义

　　C. 社会主义　　　　　　　　　　　　D. 集体主义

79. 《中华人民共和国计算机信息系统安全保护条例》于_____正式开始实施。

　　A. 1992 年　　　　　　　　　　　　　B. 1993 年

　　C. 1994 年　　　　　　　　　　　　　D. 1995 年

80. 《中华人民共和国网络安全法》是_____颁布的。

　　A. 2015 年　　　　　　　　　　　　　B. 2016 年

　　C. 2017 年　　　　　　　　　　　　　D. 2018 年

参 考 答 案

习题一 计算机基础知识

一、选择题

1—5：CCCDC   6—10：DBDAD

11—15：CDBBB   16—20：CBBDA

21—25：BCBDB   26—30：BBCAB

31—35：ACBBD   36—40：CBBAA

41—45：CDCCC   46—50：DCDDB

51—55：DABDB   56—60：BDCCC

61—65：DDABC   66—70：CACBD

71—75：BABDC   76—80：CCAAB

81—85：CDADA   86—91：BCCDBC

二、填空题

1. 字长   2. 高速缓冲存储器

3. 编译、解释   4. 操作码、操作数

5. 系统软件、应用软件   6. 内存

7. CPU、内存   8. 处理器或CPU、百万条指令/秒

9. 存储程序和程序控制   10. 12.5

三、简述题

略

习题二 计算机新技术

简述题

略

习题三 操作系统及其使用

一、选择题

1—5：BDCAD	6—10：ABACB
11—15：BCBDB	16—20：ACADC
21—25：CDBDB	26—30：CBBBD
31—35：ABABB	36—40：BAAAD
41—45：ACCCB	46—50：BBCAC
51—55：CABCA	56—60：CDDBC
61—65：DDBDA	66—70：DBBBB
71—75：CBABB	76—80：BAADB
81—85：BDDAC	86—90：DDDCC
91—95：BAACB	96—99：ACCA

二、简述题

略

习题四 办公自动化

选择题

1—5：DBACA	6—10：BCACB
11—15：CDBDC	16—20：CCBCC
21—25：AAAAC	26—30：ABCCD
31—35：CDBDC	36—40：ADCBB
41—45：CDBDB	46—50：DDBBA
51—55：ABDCA	56—60：CACBA
61—65：DBDCB	66—70：BCBCB
71—75：DDAAA	76—80：BAACC
81—85：DDDCB	86—90：DAACD
91—95：BCBCC	96—100：CCDBC

习题五 程序设计基础

一、选择题

1—5：DCACD	6—10：BBACC
11—15：CCBAD	16—20：DDCAB
21—25：CDBDA	26—30：BCCDA

31—35:CCDCB   36—40:ADBCD
41—43:CAD

二、填空题

1. 线性结构   2. ABCDEF
3. 栈顶、栈底   4. 后继、前驱(顺序任意)
5. 有穷性、确定性、可行性、输入、输出(顺序任意)
6. 贪婪算法

三、编程题

略

习题六 计算机网络基础知识

选择题

1—5:DACDB   6—10:ACACA
11—15:DBBCB   16—20:ACBCB
21—25:BDDAB   26—30:BBCAA
31—35:BABBA   36—40:DBBCC
41—45:CDABB   46—50:AABAC
51—55:DCCCA   56—60:DCCAB
61—65:CACAD   66—70:BCCAD
71—75:DCCBD   76—80:DCBCD
81—85:BDBBA   86—90:CBCDA
91—95:BDBCD   96—100:BBCCA

习题七 信息素养

选择题

1—5:DACBB   6—10:CDDAD
11—15:CBDCA   16—20:DCDBB
21—25:BDDCB   26—30:CADBD
31—35:DDCBB   36—40:BDACA
41—45:CACAC   46—50:ADDCC
51—55:BDAAC   56—60:BBDAC
61—65:CCAAD   66—70:BCCCC
71—75:DDCBC   76—80:DACCB